흙의 건축
001
미래 소재, 흙

지은이_ 황혜주

목포대학교 건축학과 교수이자 국내 대표적인 흙건축 전문가이다. 유네스코 석좌 프로그램 '흙건축학교' 책임교수이기도 하며, 경기도 시흥에 있는 〈숲1976〉에서 흙건축학교를 열고 있다. 우연히 '흙'에 관심을 가졌다가 흙과 흙건축 매력에 푹 빠졌고, 서울대학교에서 흙 관련 최초의 박사 학위를 받았다. 흙 연구로 장영실상, 건설교통부 건설신기술, 과학기술부 국산신기술 등을 수상했고, 흙건축 전문가 자격증 제1호를 받았다. 좀 더 많은 사람들이 흙과 흙건축을 알고, 누리게 하려고 꾸준히 활동하고 있다. 지은 책으로 『흙집에 관한 거의 모든 것』, 『흙건축』이 있고, 공저로는 『현대한옥 개론』, 『흙집 제대로 짓기』 등이 있다.

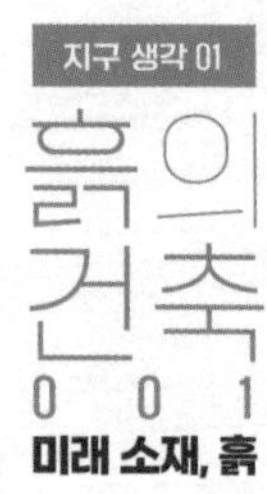

펴낸날 | 2023년 11월 24일

지은이 | 황혜주
발행인 | 박수영

기획 | 박성미
편집 | 정미영
표지 디자인 | 랄랄라디자인
본문 디자인 | 권경은, 평사리

펴낸곳 | 플래닛03 주식회사
출판신고 | 제2023-000129호 (2023년 10월 17일)
주소 | 경기도 성남시 분당구 황새울로 321. 7층
전화 | 02-706-1970 팩스 | 02-706-1971 전자우편 | commonlifebooks@gmail.com

ISBN 979-11-985035-2-7 (94540)
ISBN 979-11-985035-0-3 (94540) 세트

planet03

플래닛03은 태양에서 세 번째 행성, 지구의 또 다른 이름입니다. 우리는 지구를 생각하고 지구와 공생하고자 합니다. 지식과 생각을 나누고, 책과 미디어를 통해 더 많은 사람들과 '지구감성'을 공유하고자 합니다.

지구 생각 01

흙건축 001

humus + 3D printing + earth architecture

황혜주 지음

미래 소재, 흙

planet03

차례

4장 / 역사와 건축물들

5장 / 흙건축의 미래

책을 펴내며

모든 생명체들은 흙에서 산다. 육상생물은 흙 속에 있는 물과 공기로 살아가고, 수중생물은 흙 위에 있는 물과 공기로 살아간다. 그래서 지구Earth는 흙earth이다. 생명은 끊임없는 관계로 구성되는 동적 평형 상태이며, 흙은 인류가 관계를 생각하게 만든 가장 원초적이고 근원적인 사건이다. 우리는 흙에서 생명을 배우고 흙에서 생명을 영위한다. 인류의 건축 역사는 흙을 빚어서 쌓고 벽돌을 만드는 데에서 본격적으로 시작되었다. 만 년의 세월을 거치면서 기념비적인 건물들은 건축 재료도 바뀌고 기술도 변화했지만, 여전히 사람들이 사는 주거는 흙과 나무로 만들어지고 있다. 건축이 혁명적으로 바뀐 산업혁명 시대인 오늘날도 인류의 거의 절반이 흙집에서 산다. 이렇게 인류는 흙과 관계하며 살아왔다.

산업혁명 시기 인류는 전에 겪지 못한 특별한 경험을 하고 있다. 인간은 자연에서 분리되었고, 인간은 자연을 대상화하고 채굴하고 착취하여 번영을 구가하게 되었다. 그 결과로 인류는 기후 위기에 처해졌고 이 위기를 해결하지 못하면 인류가 절멸할 수도 있다. 산업혁명 초기 피폐해진 인간의 주거 문제를 해결하기 위해, 건축은 효율적이고 집약적인 대규모 공간을 제공하고자 많은 땅을 이용했다. 산업혁명 전까지 인간은 이용 가능한 지표면의 17퍼센트 정도를 사용했는데, 산업혁명 시대인 지금은 77퍼센트를 사용하고 있다. 인류의 건축 역사는 흙을 줄여 온 역사로 봐도 과언이 아니다. 또한 다른 생명들의 터전을 줄여 온 역사이기도 하다. 이제 이런 산업문명을 넘어서 다시 흙으로, 다시 관계로, 다시 생명으로 돌아가 원래의 자리를 모색해야 할 시점이다. 바로 새로운 생태 문명으로 나아가야 할 시점에 이르렀다.

'문제를 일으킨 방식으로는 문제를 해결할 수 없다.'는 말처럼, 그간의 인식과 생각이 바뀌어야 기후 위기를 해결할 수 있다. 수풀과 건축이 어우러지는 건축물로 명성이 높은 '밀라노 수직숲'을 본떠서 지은 중국의 건물이 있었다. 하지만 건물에 사람이 없어서 제대로 된 관리가 이루어지지 않았다. 결국, 수풀은 마구 헤쳐져 널브러졌고, 주변은 쓰레기가 넘쳐 났다. 건물은 그야말로 흉물이 되었다. 사람들의 관심이 없으면 어떤 건축도, 어떤 문명도 제대로 설 수 없음을 보여 주는 대표적 사례이다. '어떻게 효율적으로 지을까', '얼마나 집약해 놓을까'를 고민하던 근대 건축의 사유를 넘어서, '어떻게 뺄까', '어떻게 비울까', '뭇생명들에게 어떻게 내어 줄까'를 고민하는 생각의 변화가 필요한 시점이다.

건축의 3주체는 건축주, 설계자, 시공자이다. 건축학과에서는 '설계자'를 기르고, 건축공학과에서는 '시공자'를 교육시킨다. 우리의 건축 교육은 국제적인 수준의 교육 커리큘럼과 제반 여건이 잘 갖춰져 있어서, 교육의 질은 가히 정상급이다. 이런 교육 과정을 이수하고 현장 실무 경력을 쌓은 설계자와 시공자가 다양한 곳에서 활약하고 있다. 그 나라의 건축 수준은 '건축주'의 수준이라는 말이 있다. 이처럼 건축에서 아주 중요한 역할을 하는 건축주는 어떻게 건축 지식을 쌓게 되었을까. 선진국에서는 어릴 때부터 많은 건물들을 보고 경험하면서 자연스럽게 건축에 대한 지식을 쌓는다. 이른바 '사회적 건축 교육'이 이루어진다. 건축 지식은 어떤 건축 분야의 전문적인 지식만을 의미하는 것이 아니라 그 사회의 교양 수준이다. 아파트로 대표되는 우리의 건축 문화에서는 다양한 건축 체험이 부족하다. 그러다 보니 우리에게 건축은 부동산이란 의미에서 벗어나지 못하는 실정이다. 시민은 잠재적인 건축주이다. 따라서 시민 건축주들을 위한 건축 교육이 절실하다. 이 책은 흙과 건축을 전문적으로 다룬다. 그 내용에서도 대학 수업 수준의 것들을 담고 있다. 하지만, 일반 시민이라면 누구라도 문명과 함께해 온 '건축'에 관심을 가질 수 있도록 집필했다. 사회적 건축 교육이 부족한 우리의 현실에서 작지만 희망이 되었으면 한다.

1권은 이론 편에 속한다. 먼저, 흙건축 담론을 살피면서 흙과 생명에 대한 여러 논의를 좇아서 흙건축의 의의를 정리했다. 흙건축 담론을 공간론, 기획론, 디자인론으로 구분하여 건축에 적용할 이론으로 설명했다. 그리고 흙의 정의, 흙의 효과, 흙의 구성과 분류, 흙의 특성 등을 살펴서 흙을 구체적으로 알 수 있게 했다.

아울러 흙건축의 시작과 확산을 다루면서, 흙건축의 현대화와 세계 흙건축의 연구 동향을 살폈다. 더하여 한국 흙건축의 현재를 돌아보았고, 인류의 건축 역사 속에 흙건축의 역사가 면면히 이어왔음을 여러 건축물을 통해 확인했다. 3D 프린팅 등 미래 건축은 건축의 구조와 흙건축의 전망에서 살펴보았다.

2권은 실무 편이라 할 수 있다. 흙건축의 실제 기술과 공법을 익힐 수 있게 엮었다. 흙건축 3대 기술 편에서는 실제 흙을 사용할 때 균열이 생기지 않도록 하는, 흙의 균열 방지 이론을 살폈다. 또 흙의 강도를 높이는 이론을 정리하여 흙이 약해서 사용하기 어렵다는 편견에서 벗어날 수 있도록 했다. 내벽, 외벽, 바닥의 생태 마감을 고찰하고, 흙으로 지은 건물의 유지와 보수를 어떻게 할지를 알아보았다.

흙건축 5대 공법 편에서는 흙쌓기, 흙벽돌, 흙다짐, 흙타설, 흙미장 공법을 먼저 검토하고, 이 공법들을 실제 흙건축에 적용한 여러 사례를 이미지와 함께 살펴보았다. 아울러 흙건축으로 하는 생태적 단열 방법들, 전통구들과 간편구들을 정리하고 흙집을 짓는 상황에 맞는 방법을 채택할 수 있게 했다.

'무엇이 우리를 지켜 줄까'가 아니라, '우리가 무엇을 지켜 낼까'가 중요하다. 산업혁명 시대를 살아가는, 우리가 더 이상의 자연 파괴를 멈추고 새로운 문명과 새로운 건축을 위해 무엇을 할 것인가를 고민해야 한다. 흙과 건축을 다룬 이 책이 지구, 기후, 생명을 걱정하는 사람들에게 다가가기를 소망한다.

일일이 거명하기도 어려울 정도로 많은 분들의 도움으로 흙건축의 길을 흔들리지 않고 걸어올 수 있었다. 항상 따뜻한 눈길로 지켜봐 주시는 분들께 머리 숙여 감사드리고, 더욱 정진해야겠다는 다짐을 한다.

1장 / 흙건축 담론

1
–
모든 생명은 흙에서 산다

지구에 사는 생명체들은 흙에서 산다. 육상생물은 흙 속의 물로 살아가고, 수중생물은 흙 위의 물로 살아간다. 그래서 '흙에서 와서 흙으로 돌아간다(皆生於土 而反於土)'는 말은 동서양의 철학과 종교에 모두 표현되어 있다. 생명의 터전이라는 뜻의 토대土臺는 말 그대로 흙이다. 모든 생명체는 흙에서 생명(몸)을 영위한다. 흙은 생명과 분리될 수 없는 그 자체라는 측면에서 흙은 하나의 장場이기도 하다.

생명이란 무엇인가[1]라는 물음에 대해 많은 연구가 진행되고 있다. 오즈월드 에이버리, 로잘린드 프랭클린의 연구 성과를 기반으로 하여 이를 이은 제임스 왓슨, 프랜시스 크릭 등 DNA 구조를 밝혀낸 학자들은 생명이란 자신을 복제하는 시스템으로 정의한다. 또한 유전정보가 A-T, C-G로 화학적 요철을 이루고 있고, 이중 나선 구조(대칭

1 에르빈 슈뢰딩거가 1943년 아일랜드 트리니티 칼리지에서 강연한 내용의 제목. 1933년 노벨 물리학상을 받은 슈뢰딩거는 생명의 근원을 탐구했고, DNA 이중 나선 구조를 발견하는 데 큰 영향을 미쳤으며, 세포 분열을 통해 생명체가 성장하고 진화한다는 사실을 밝히기도 했다. 양자역학의 역사에서 빼놓을 수 없는 '슈뢰딩거의 고양이'의 그 슈뢰딩거이다.

69. 손상 복구 정보 유지)의 특징을 나타내어 상보성(相補性, 상호 보완성 complementarity)이 아주 중요한 특징이라고 밝히고 있다.

생명 활동의 실제적으로 작용하는 단백질(구성단위: 아미노산)을 연구한 루돌프 쇤하이머는 중질소 실험을 통해 섭취한 단백질이 배설되는 것은 29.6퍼센트이고 장기와 혈청에 56.5퍼센트가 자리하는 것을 알아냈다.[2] 장기나 조직뿐 아니라 고정적인 구조처럼 보이는 뼈와 치아에서도 끊임없는 분해와 합성이 이루어지고 있음을 밝히면서, 생명이란 존재하는 것이 아니라 흐름이 만들어 낸 효과라고 정의했다. 즉, 생명이란 상보적인 관계성을 유지하는 동적 평형Dynamic Equilibrium 상태라는 것이다.

"우리 몸은 원자에 비해 왜 이리 큰가?"[3]에 대하여, 평방근의 법칙(루트n의 법칙)[4]에 따라서 예외적인 행동을 하는 입자의 빈도를 낮추기 위함이라고 알려져 있다. 또한 최소작용의 법칙(자연은 필요 이상의 일을 하지 않는다라는 내용의 법칙)때문에 발생한 창발성Emergent property[5]은 생명 현상에 필요한 질서의 정밀도를 높이기 위해 생명은 이렇게 커야 할 이유가 있다고 알려 주고 있다.

2 후쿠오카 신이치 저, 김소연 역, 『동적 평형』, 은행나무, 2010.

3 슈뢰딩거의 위 강연.

4 예외적인 행동을 하는 입자의 수는 그 수의 제곱근의 값으로 나타난다는 개념이다. 예를 들어 입자 수가 100개이면 예외적 행동을 하는 입자 수는 100의 제곱근인 10($\sqrt{100}=10$)이고, 입자 수가 10,000개이면 예외적 행동을 하는 입자 수는 10,000의 제곱근인 100($\sqrt{10000}=100$)이다. 이렇게 수가 많아지면 예외적인 행동을 하는 수가 급격히 줄어들게 된다.

5 부분이 모이게 되면 전체는 단순한 부분의 합이 아니라 완전히 새로운 특성을 가지는 것이 되는 현상을 말한다. 예를 들어 원자로 이루어진 분자는 원자와는 다른 특성을 가지며, 분자로 이루어진 인간은 분자와는 다른 특성을 나타내게 된다. 그래서 원자는 물리학에서, 분자는 생물학에서, 인간은 사회학에서 다루고 있다. 물론 이러한 학문들의 다양한 통섭을 통해 더 나은 결과를 가져온다.

이러한 생명의 기본적 토대는 몸[6]이다. 자기 몸을 보호하고 생명을 지키려는 것은 자연스러운 일이다. 토끼가 풀을 뜯어 먹는 것이나 호랑이가 토끼를 잡아먹는 것은 어진 일도 아니고, 잔인한 일도 아닌 것[7]이다. 자기 몸을 지키려는 그냥 그런 천성대로의 행동이다. 사람도 몸이 있는 생명체라서 동물적인 본능이 있고 자기 몸을 지키려는 행동을 우선적으로 하는 존재이다. 인간은 무엇이든 이기적으로 자신에게 유리하게 해석하고 그것을 믿는데, 최초의 자기 복제 물질, 단세포생물 때부터 형성된 자기 보호 본능이 신경계를 획득한 다세포동물에 이르러 자기합리화 또는 자기기만의 본능을 형성했기 때문이다. 자기중심적인 동물적 인지 편향, 우월 확신으로 인해 인간은 자기중심적 생각(오감과 흥미, 취향, 허망한 삶의 의미와 가치)에 얽매인다.[8]

그러나 동물적 본능에 충실한 무한 경쟁에서 벗어나 서로의 생명[9]을 지켜 주는 방향으로 진화했다. 이기적 유전자가 그 철저한 이기성 때문에 필연적으로 이타적 행동을 취할 수밖에 없도록 만드는[10] 진화 메커니즘의 구조와 더불어 인지의 발달로 인해 서로의 생명에 더 좋

6 몸은 육체와 정신의 비분법적 사유에서 말하는 육체가 아니라 통합적 생명 토대를 의미한다. 우리말의 몸과 마음은 그 어원이 ㅁ·ㅁ으로서 서로 같다. 최근 철학자 데니얼 데넷은 자아(Self)는 사건, 기억, 행동 등 서사적 무게중심이라면서 "물리학에서 무게중심은 추상성에도 불구하고 물리적 세계와 단단히 연결되어 있다. 모든 물리적 체계는 무게중심을 갖는다. 하지만 그것은 물체가 아니라 체계의 속성이다."라고 주장했다.

7 천지불인天地不仁. 노자, 『도덕경』, 5장.

8 불교에서는 아상我相이라는 개념으로 이를 깊이 있게 성찰했다.

9 생명에 맞으면 좋아하고, 생명에 맞지 않으면 싫어하니, 情의 발현을 일곱 가지로 이름 붙였으나, 실은 호오好惡뿐이다.(宜於生者好之. 不宜於生者惡之. 情之所發. 名雖有七. 其實好惡而已.) 혜강 최한기, 『추측록』 권3.

10 자리이타自利利他의 개념과 상통한다.

은 방법, 사람답게 사는 방법[11]을 발전시켜 왔다. 도덕, 윤리, 법률, 종교 등등 함께 사는 방법을 개발하여 야만에서 문명으로 발전해 온 것이다. 사람과 동물을 가르는 기준은 내 몸만 생각하는 것에서 타자他者도 생각하고 함께 사는 것을 생각하는 일이다. 타자에 대한 공감이 인간의 조건인 것이다. '못됐다', '모자란다', '머저리' 같은 말은 아직 사람이 못되었거나 부족한 사람을 일컫는다. 사람이 이기적이라면[12] 것은 아직 동물인 것이다.

몸이 있는 한 욕심에서 자유롭지 못하다. 몸이 꽤 오래 갈 것이라는 착각에서 벗어나 삶과 죽음이 달리 있지 않다[13]라는 생각이 필요하다. 삶에 집착하는 것이나 죽음을 두려워하는 것 모두가 DNA가 만들어 내는 환영이라는 사실을 알면, 생명은 평범하고 자연스러운 일시적 현상임을 알게 된다. 또한 몸이 있는 한 고통에서 벗어날 수 없다. 고통은 아프다는 것이 아니라 내가 어쩌지 못하는 한계 상황을 말하는 것이니, 있는 그대로 받아들이고 내가 할 수 있는 것을 해 가는 지혜가 요구된다. 인간다움이나 인간성 혹은 인류애는 동물에서 사람으로 끊임없이 노력해 가는 과정이다. 우리는 사람이 되어 가는 길 위에 서 있다.

이러한 과정의 핵심은 나를 포함한 모든 사물을 객관적으로 알려

11 이성적 각성이 사회 전역에 걸쳐서 폭력과 비참한 삶을 극적으로 감소시켰다. 부족시대나 고대에는 전쟁이나 폭력으로 인한 사망률이 인구 10만 명당 수만 명이었는데, 20세기 말 이후 10만 명당 10명 미만이 되었다.(스티븐 핑커 Steven Pinker) 김웅진, 『생물학 이야기』, 행성B, 2015.

12 소설가 이외수는 '나쁜 놈은 나뿐인 놈'이라고 일갈했다.

13 신라 향가 「제망매가祭亡妹歌」 중 "죽고 사는 길이 여기 있음이 두려워 나는 간다 말도 못 하고 가는가" 참조.

고 하는 것이다. 주관(자기중심적 사고)에서 벗어나 객관(타자의 입장에서 관계론적 사고)으로 생각하는 것이다. 모든 것은 연관되어 있고 천지만물은 상호작용하는 관계임을 인식하는 것이다. 생명은 관계이기 때문이다. '나만 산다는 것'[14]은 관계가 끊어지기 때문에 결국 다 죽는다.[15] 분리는 죽음이다. 이분법적으로 나누는 것은 반생명적이다. 생명은 소통[16]이요, 소통은 나와 타자의 관계맺음[17]이다. 나와 타자가 분리되지 않고 떨어지지 않는 관계가 생명이다. 이분二分은 반생명적이고 불이(不二, 不離)가 생명이다. 불이가 관계다. 관계가 생명이다.

생명은 관계에 의해서 결정된다. 관계가 존재에 우선한다. 이러한 관계에는 두 가지 속성이 있는데 바로 상보성과 지속성이다.

상보성(相補性, 상호보완성 complementarity)은 동양철학의 오랜 주제이기도 하고 양자역학으로 재조명되기도 한 개념[18]이다. 상호작용에 의해 존재가 결정되므로 타자와의 관계에서 생존이 가능하다는 개념이다. 대립적인 것은 상보적인 것이다[19]라는 말처럼 만물은 서로 관계

14 경쟁한다, 욕심이 생긴다, 눈이 가려지고 귀가 닫힌다, 아둔해진다, 어른스럽지 못하다, 주변을 고려하지 않는다, 타자는 죽는다 등.

15 김민기의 노래 〈작은 연못〉의 가사 내용은 이를 예술적으로 표현한 것이다.

16 춘추전국시대 위아론爲我論으로 생명을 중시하는 경물중생輕物重生 사상을 펼친 양자楊子의 말이다. 맹자는 양자의 사상을 이기적이라고 비판하고 묵자의 사상은 지나친 이상적 이타주의라고 비판하면서, 양주묵적의 해악이 천하를 뒤덮었다고 했다.

17 한국이 낳은 세계적 신학자 안병무는 「요한복음」 1장 1절의 '태초에 말씀이 계셨다.'는 것을, 말씀은 말의 쓰임이고 말은 관계맺음이니, 말은 생명이라고 했다.

18 양자역학에서는 모든 것은 중첩 상태로 있다가 관측(상호작용)에 의해 파동함수가 붕괴되어 하나의 상태로 결정된다고 파악한다.

19 Contraria Sunt Complementa. 양자역학의 정립자인 닐스 보어가 노벨상 수상 이후 덴마크 정부로부터 작위를 받을 때 사용한 글귀로 유명하다. 입자성과 파동성이라는 배타적인 특징에 대해 상보적 속성을 파악하여 양자역학의 성립에 기여했다.

적이다. 맞다 틀리다라는 것은 수학에나 있다.

나와 연결된 타자를 나처럼 생각하고 아껴야 한다.[20] '네 이웃을 네 몸처럼 사랑하라'와 '동체대비 동귀일체(同體慈悲 同歸一體)', '서(恕=如+心)', '기소불욕 물시어인(己所不慾 勿施於人)', '내 마음이 곧 네 마음(吾心卽汝心)'과 같은 말들은 모두 이를 이르는 말이다. 인간은 주관을 넘어 타인의 입장을 생각하게 되었고, 보편타당한 기준이 동서고금에 공통으로 있음을 알게 되었는데,[21] 황금률Golden Rule은 이를 표현한다. 우리 조상들이 우리에게 남겨 준 우리 한자성어인 역지사지易地思之는 황금률의 고차원적 견해이다. 타인他人에 대한 공감을 타자他者에 대한 공감으로 확대한다. 사람에 대한 공감뿐 아니라 자연환경에 대한 공감으로 확대한 역지사지[22]가 상보성을 나타내는 키워드인 것이다.

지속성持續性은 관계의 또 다른 속성이다. 지속성이 없음은 단절이고 파괴이다. 정성[23]을 다하는 것은 쉬지 않음이고, 쉬지 않는다는 것은 오래도록 한다[24]는 말이어서 지속성을 내포한다. 또한 때와 장소와 상황에 맞게 하는 것이 그때그때 처신하는 천박한 게 아니려면 오랜 시간 꾸준히 일관되게 해야 한다는 개념[25]도 이러한 지속성의 가

20 행복은 어디에도 존재하지 않는다. 관계 속에서 나온다. 아프리카 속담.

21 카렌 암스트롱은 『축의 시대』라는 저술을 통해 '내가 하기 싫은 것을 남에게 시키지 말라.'라는 인류의 모든 종교와 사상을 고찰하여 인류 보편적 가치로써 황금률을 파악했다.

22 발달심리학자 피아제와 인헬더는 조망수용, 관점수용(perspective-taking)으로 부른다.

23 사람들이 살아가는 삶의 기준이 되는 성誠에 관한 것이다. 중용에서 '성誠은 하늘의 도이고, 성誠해지려는 것은 사람의 도이다.(誠者 天之道, 誠之者 人之道也.)'라고 했다. 또한 이러한 하늘이란 곧 민심을 뜻하는 것으로서, 인내천人乃天 사상이나, '하늘은 백성이 보는 것을 보고, 백성이 듣는 것을 듣는다.(天視自我民視天聽自我民聽)'라는 맹자의 사상은 하늘의 개념을 설명하는 것이다.

24 至誠無息, 不息則久. (『중용』)

25 중용은 때에 맞게(時中) 하지만 능히 오래도록 해야(能久) 본뜻이 살아난다는 말이다.

치를 표현하고 있다. 천장지구(天長地久, 하늘은 넓고 땅은 오래간다)[26]라는 개념은 하늘은 아주 넓어서 끝이 없고 으뜸가는 것(至大無外)이고, 그러한 하늘의 뜻을 담아서 땅에 있는 사람[27]은 오래도록 행하는 것이 중요함을 의미한다.

지속성은 사람들이 사유[28]하고 상상[29]하면서 오래도록 행하는 것이다. 오래도록 행하려면 방향이 있어야 하는데 그 기준은 하늘이며, 하늘은 곧 민심[30]이니, 사람들이 함께[31] 살 수 있도록 하는 것을 의미한다. 지속성은 만물이 함께 살 수 있게 오래도록 행하는 것을 의미한다.

26 노자, 『도덕경』, 7장.

27 사람은 땅을 따르고 땅은 하늘을 따르며, 하늘은 도를 따르고 도는 스스로 그러함을 따른다.(人法地 地法天 天法道 道法自然) 노자, 『도덕경』, 25장.

28 한나 아렌트는 『예루살렘의 아이히만』이라는 저술을 통해 악의 평범성에 대해 논하고 무사유의 위험성을 경계했다. 불교에서는 8정도正道 중에서 제대로 보고 사유하는 것(정견正見, 정사유正思惟)을 3학學(계戒·정定·혜慧)의 지혜(慧)의 핵심으로 보고 있다. 계는 제대로 말하고 행동하며 생활하는 것(정언正語, 정업正業, 정명正命)이고, 정은 제대로 기억하고 집중하고 정진하는 것(정념正念, 정정正定, 정정진正精進)이다. 정定은 마음을 정하다의 정으로서 집중, 자기객관화, 선정을 의미한다.

29 유발 하라리는 『사피엔스』에서 보이지 않는 것을 생각하고 상상하는 힘이 인류의 위대한 점이라고 설파했다.

30 사람이 나라의 근본이며, 밥은 사람의 하늘이다.(民惟邦本食爲民天)(『서경書經』) 세종 1년에 발표한 국정 기조. 먹고사는 일은 위대한 것이며 살고 죽는 문제 이외에 중요한 건 없다라는 의미를 돌아보게 한다. 또한 "백성이 가장 귀하고 사직의 신들은 그 다음이다. 그리고 군주가 가장 가볍다. 그러므로 백성의 마음을 얻는 자라야 천자가 될 수 있다. 한 나라의 군주가 그 나라의 사직을 위태롭게 한다면 곧 그 군주를 갈아 치워야 한다. 제물을 갖추고 성의를 다해 때 맞춰 제사를 지냈는데도 가뭄과 홍수가 들면 그 사직의 신을 갈아 치워야 한다. 그러나 백성은 갈아 치울 수 없다."는 맹자 진심편의 말도 이와 상통한다.

31 성인은 고정된 마음이 없다. 백성의 마음으로써 그 마음을 삼는다.(聖人無常心 以百姓心爲心) 노자, 『도덕경』 49장. 성인은 지도자를 의미하며 지도자는 민심에 귀 기울이는 것이 중요하다는 점에서 예전에 성인聖人은 백성의 소리를 잘 듣는 성인聲人이었다.

앞에서 살펴보았듯이 생명의 터전이라는 뜻의 토대土臺는 말 그대로 흙이고, 흙은 생명과 분리될 수 없는 그 자체이다. 흙은 생명이고 생명은 관계이다.

2

흙으로 본 인류 문명사

흙의 구체성을 표현한 것은 토土이고, 흙의 개념과 상징성을 표현한 것은 지地이다. 土는 구체적으로 볼 수 있고 만질 수 있는 흙을 표현한 글자이고, 地는 볼 수 없는, 머릿속에 상상하는 개념을 표현한 글자이다. 천지天地라고 할 때 地가 이에 해당한다. 土와 地를 아우르는 우리말인 흙은 이 두 가지 속성을 모두 표현한 낱말이다.

흙을 딛고 사는 사람들

45억 년 전 지구가 생겨나고 대기 중 탄소, 산소 등의 농도가 변화하면서 생명체가 생겨나고, 이 생명체가 변화한 공통조상으로부터 인간으로[32] 진화한[33] 인류는 흙을 딛으며 삶을 시작했다. 흙을 딛고 삶을 영위해 온 인류의 구석기 시대의 큰 변화를 살펴보면 세 가지로

32 최재천, 『다윈 지능』, 사이언스북스, 2022.

33 재레드 다이아몬드는 『제3의 침팬지』(문학사상, 2022)에서 인간과 침팬지의 유전자 차이는 1.6퍼센트 차이이며, 침팬지와 피그미침팬지(보노보)에 이어 인간을 제3의 침팬지라고 부른다.

요약할 수 있다.

첫째는 직립보행Homo Erectus[34]이다. 직립보행에 의해 도구 사용이 원활해져서 많은 삶의 변화를 이루어 냈다. 둘째는 불의 사용이다. 불의 사용으로 대량의 에너지를 공급할 수 있어서 뇌가 확대되었다.[35] 셋째는 예술[36]을 통한 뇌의 연결이다. 더 이상의 독자적인 뇌의 확대보다 서로의 뇌를 연결하는 것을 선택했다.

구석기 시대 인류는 땅에 사는 생명체에 대한 관심과 삶의 의미를 찾는 활동을 하는데, 라스코 동굴 벽화, 알타미라 동굴 벽화 등 많은 벽화 유물에서 확인할 수 있다. 최근에는 인류의 역사를 바꿀 괴베클리 테페 유적이 발굴되어 농업 이전에도 수많은 사람들이 모이는 문명을 이루었음을 보여 준다. 튀르키예의 괴베클리 테페 유적이 발견되면서 기존의 학설을 뒤집고 있는데, 기존에는 농사를 짓고 그로 인해 사람이 모여 문명을 이루었다는 것이 정설이었다. 그러나 기원전 10,000년경 유적인 괴베클리 테페로 인해 사람들이 모이고 그 사람들을 먹이기 위해 주변에서 먹거리를 채집하고 그리고서 모자라는 것을 채우기 위해 농사를 짓게 되었다는 학설이 등장하게 된다. 이후

34 직립보행으로 인해 여성의 질이 좁아지면서 원활한 출산을 위해 임신 기간이 짧아졌다. 이로 인해 영장류 중 유일하게 배면 출산을 함으로써, 산모 혼자서 출산을 할 수 없고 주위의 도움을 받아야 출산을 할 수 있는 사회적 출산이 필요하게 되었다. 이처럼 인간은 태어날 때부터 사회적 동물인 것이다.

35 구석기인의 뇌가 현대인보다 작지 않다. 이는 뇌가 확대되어 많은 에너지 소모와 큰 머리로 인한 민첩성 저하를 막기 위한 조처이다. 또한 뇌 구조에서도 침팬지와 인간의 뇌는 큰 차이가 없는데, 뇌간(생명 활동), 번연체(학습과 기억), 신피질(계획 실행 의지) 중에서 신피질이 뇌에서 차지하는 비율은 인간이 76퍼센트, 침팬지가 72퍼센트이다.

36 유발 하라리는 예술을 통해 상상하는 힘을 키우고 이를 통해 다양한 사유를 공유함으로써 지식이 폭발적으로 증가했다고 주장한다.(유발 하라리 저, 조현욱 역, 『사피엔스』, 김영사, 2015)

에 인류 최초의 문명이라 불리는 아나톨리아(오리엔트) 문명[37]과 문명의 요람으로 불리는 메소포타미아, 이집트 문명으로 이어지면서 이 지역이 인류 문명의 시작이자 중심지[38]가 된다.

흙에서 키운 작물에 의한 문명의 구분

신석기 시대 고대 문명[39]들은 자신이 살고 있는 지역에 자라는 다양한 식물을 재배하여 주식으로 삼았고 그에 적합한 문화를 형성했다. 이처럼 그 땅에 심어지는 재배 작물과 재배 방법에 의해 식문화와 생활문화가 형성된다. 인류 문명의 역사를 흙에서 키우는 작물을 중심으로 고찰하면 다음과 같다. 문명의 요람[40]으로 불리는 지역은 밀을 재배했고 빵이 주식이다. 인도 문명은 장립벼indica rice를 재배했고 밥이 주식이다. 황하 문명은 벼와 밀을 재배했고 밥과 국수가 주식이다. 고조선 문명(요하/홍산 문명)은 단립벼japonica rice와 콩을 재배했고 밥과 콩장(된장, 고추장 등)이 주식이다. 중앙아메리카(마야) 문명은 옥수수가 주식이고, 안데스(잉카) 문명은 감자가 주식이다.

37 괴베클리 테페 이후 기원전 7500년경 차탈회위크, 예리코 유적 등을 포함한다.

38 이희수, 『인류본사-오리엔트 중동의 눈으로 본 1만 2,000년 인류사』, 휴머니스트, 2022.

39 소위 4대 문명이라는 개념은 근세에 중국에서 시작되었으며, 현재 중국, 한국, 일본만이 사용하는 개념이다.

40 아나톨리아(오리엔트) 문명과 메소포타미아, 이집트 문명을 포함하여 부르는 말이다. 미국의 역사가 제임스 헨리 브레스테드(Brestead:1865~1935)가 비옥한 초승달 지대Fertile Crescent라고 불렀다. 세계 최고最古의 농경 문화가 일어났으며 튀르키예, 시리아, 팔레스티나가 그 발상지이고, 이 문화의 영향하에 티그리스·유프라테스 및 나일 강 유역에 고도의 문명이 발생하게 되었다. 이 지대에 정착한 농경 민족과 주변의 유목 민족과의 평화적·전투적 교섭 속에서 고대 오리엔트사史가 전개되었다. 인류사에 엄청난 기여를 한 바빌로니아/수메르 함무라비 법전, 길가메쉬 서사 등 주요 기록이 전해진다.

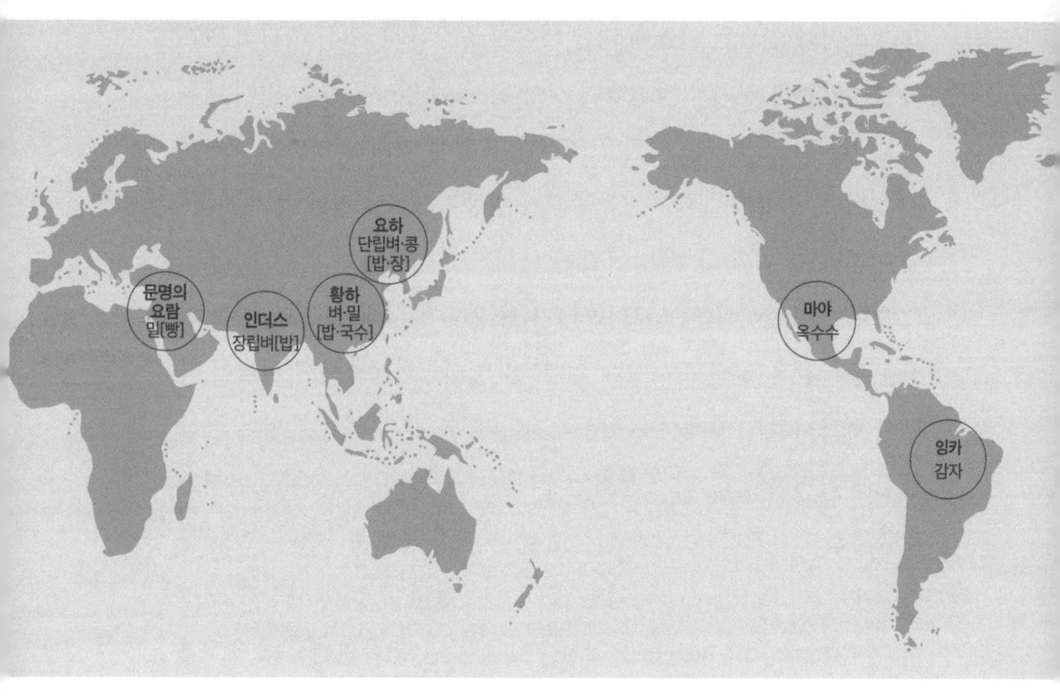

그림1. 흙에서 키우는 작물을 중심으로 본 인류 문명

흙 위의 삶, 그것에 영향을 주는 것에 대한 관심

흙에서 농사지어 생명을 영위하면서 '흙에 영향을 주는 것들'을 중요하게 여기게 되었고, 이것이 하늘과 땅, 자연, 날씨에 대한 사고[41]

41 서양철학의 시조는 탈레스인데, 만물은 물이라 했으며, 만물의 주체가 신이 아니라는 측면에서 철학의 시초라고 평가된다. 또한 동시대에 활동한 아낙시만드로스는 최초의 과학자로 불리는데, 아페이론(apeiron, 무한자, 무규정자)으로 만물을 과학적 사고로 고찰했다(카를로 로벨리 저, 이희정 역, 『첫 번째 과학자, 아낙시만드로스』, 푸른지식, 2017). 그의 친구인 아낙시메네스는 조건에 의해 사물이 변한다는 메카니즘적 사고를 처음 한 사람으로 평가받는다. 탈레스, 아낙시만드로스, 아낙시메네스 이 세 사람을 밀레토스 학파라 부르며, 1세대 그리스 자연철학자라고 한다.

그리고 이와 연관된 신들에 대한 생각이 등장하게 된다. 흙과의 관계 속에서 인류의 인지가 발전했던 것이다. 흙에 영향을 주는 것에 대한 관심이란 결국 생명을 영위할 조건과 생명에 미치는 영향을 고찰하는 것이다. 인류의 철학, 사상, 종교가 집중적으로 등장한 축의 시대[42]에 이러한 땅 위의 삶, 생명에 대한 논의가 분출한다.

중동 문화권에서는 조로아스터가 등장하여 후에 유대교, 기독교, 이슬람교 같은 일신교 사상에 영향[43]을 줬다. '회개하라.[44] 천국이 가까이 왔느니라.', '땅에서도 이루어지이다.'와 같은 언급은 땅에 관한 관심에 기인한다. 그리스 문화권에서는 소크라테스, 플라톤, 아리스토텔레스가 등장하여, 땅과 인간에 대한 지식을 체계화했다. 인도 문화권에서는 브라만교를 극복한 불교가 등장하여 땅과 사람과 생명이 연기緣起로 이루어졌음을 설파[45]했다. 중원 문화권에서는 유교가

42 철학자 칼 야스퍼스가 『역사의 기원과 목표』라는 저술에서 주창한 개념(Achsenzeit)으로 인류사 전체로 보았을 때 축에 해당할 정도의 짧은 시기(기원전 900년부터 기원전 200년까지)에 거의 모든 사상과 철학이 등장했다고 한다. 기축시대라고도 한다. 카렌 암스트롱은 『축의 시대: 종교의 탄생과 철학의 시작(The Great Transformation: The Beginning of Our Religious Traditions)』이라는 저술을 통해 이를 상세히 고찰했다.

43 성경에 나오는 동방박사들magi(magus-magician)이 조로아스터 교인이라는 학설이 우세하다.

44 헬라어 metanoia를 번역한 것으로, 사전적으로 회(懷, 생각)와 개(改, 바꾸다)이다. 일상 용어로 쓰는 잘못을 뉘우치는 회개가 아니라, 생각(noia)을 근본적으로 바꾸라(meta)는 뜻이다.

45 세상은 연기緣起로 이루어졌음을 깨닫고, 자신이 어쩌지 못하는 한계 상황(苦)과 그로 인한 괴로움의 원인(集)을 분석하고 소멸(滅)시키는 방법(道, 8正道)에 대해 설하였다. 큰 두 개의 흐름은 화엄 사상과 반야 사상인데, 화엄 사상은 연기緣起에, 반야 사상은 공空에 집중한다. 화엄 사상의 대표 경전은 화엄경이고, 반야 사상의 대표 경전은 금강경인데, 금강경은 공을 강조하는 경전이지만 공이라는 글자는 한 글자도 없다. 대중적으로 가장 많이 알려진 반야심경은 금강경을 단 한 페이지로 압축한 것이라고 평가받고 있다.

등장했는데, 그 핵심이라 할 중용에서는 하늘을 기준 삼아서 땅에서 살아가는 사람들의 윤리[46]를 논하였다. 동북방의 영향이 강한 선교[47]는 물을 주요 테마로 하여(上善若水) 사람들이 싸우지 않고(爲而不爭) 땅과 더불어 살아갈 것(無爲自然)을 주문했고, 주역은 음과 양이라는 개념(一陰一陽之謂道)으로 하늘과 땅에 관한 사상(天地 사상)을 정립했다. 고조선 문화권에서는 홍익인간 사상[48]과 후에 풍류風流[49]로 정리되어 전

46 하늘의 명을 성이라 하고, 성을 통솔하는 것을 도라 하고, 도를 닦는 것을 교라 한다.(天命之謂性 率性之謂道 修道之謂教)

47 문화는 교류하며 서로에게 영향을 미치는 것을 속성으로 한다. 오랜 세월 중원과 동북방 지역의 문화가 교류하면서 동아시아 문화가 조성되었는데, 지금의 중국 국경을 기준으로 중국 문화, 중국 철학으로 규정하는 것은 부적절하다는 의견이 많다. 희랍어나 라틴어가 그리스나 이탈리아만의 언어가 아니라 서양 전반의 공통의 언어로 인식되듯이 한자도 중국어가 아니라 아시아어로 인식되어야 한다고 한다. 철학 사상도 그 내용이나 발생 여건을 보았을 때 유교 사상은 중원 지역에서, 도교나 주역 사상은 동북방 지역에서 태동되었다고 보는 것이 타당하다고 한다. 동북공정은 이러한 것을 지우고 중국 일색으로 하려는 시도라 볼 수 있다. 철학자 임마누엘 칸트는 쾨니히스베르크에서 태어나고 활동하고 그 곳에 묻혔다. 살아생전 이 지역 밖으로 나간 적이 없다. 지금 이곳은 러시아 지역이다. 동북공정식으로 이야기하자면, 칸트의 고향 쾨니히스베르크가 현재 러시아 땅이니 '칸트는 러시아 사람이다.'
문화는 국경이 아니라 문화 영역으로 살펴야 한다. 고조선이나 고구려가 자기 영토였으므로, 그 곳에서 기원한 온돌을 중국의 유산이라고 하면서 세계 문화유산을 신청했던 중국에 대해서 판정위원회는 문화는 향유하는 것이 중요한데, 지금 중국에서는 온돌을 거의 쓰지 않고 한국은 모든 가정에서 누리고 있으므로 중국 유산이라고 할 수 없다는 판단을 내렸다.

48 홍익인간으로 대표되는 고조선의 건국 이념. 홍익인간(弘益人間, 널리 인류 세상을 이롭게 한다), 재세이화(在世理化, 세상에 있으면서 조화할 수 있도록 한다), 이도여치(以道與治, 도로써 세상을 다스린다), 광명이세(光明理世, 밝은 빛으로 세상이 굴러가도록 한다)의 네 가지 내용인데, 생명을 존중하고 강압적이고 획일적인 방식이 아닌 스스로 깨닫게 하고 조화롭게 사는 평화적인 방식을 중시한다. 생명평화 사상의 기원이라 할 수 있다.

49 '나라에 현묘한 도가 있는데, 이를 풍류라 한다. 이는 유불선 삼교를 포괄하며 서로 연관되어 화하며 뭇생명을 살린다.(國有玄妙之道 曰風流, 實乃包含三教 接化群生)'라는 최치원이 쓴 난랑비의 글이 전해진다. 여기서 풍류는 일제에 의해 술 마시고 노는 것으로 폄훼되었지만 원뜻은 우주의 바람과 흐름으로서 생명을 의미한다. 현묘지도는 우리 민족의 생명 사상으로 평가받는다.

해지는 현묘지도玄妙之道를 통해 이 땅에서 생명을 존중하고 사는 평화로운 세상을 꿈꾸는 생명평화 사상이 발흥했다.

축의 시대를 연구한 결과, 학자들은 모든 종교의 경전에 공통적으로 '네가 하기 싫은 것은 남에게 시키지 말라(己所不慾勿施於人)'는 황금률이 있음을 알아냈다. 타자를 내 마음처럼 헤아리는 것(如心 = 恕)은 '네 이웃을 네 몸 같이' 아끼는 것이며, 경청(傾聽, 기울여서 듣는 것)으로 시작되어 역지사지易地思之의 사유로 귀결된다. 이는 흙 위에서 살아가는 인간이 이웃과 같이 살고 다른 생명과 더불어 살아가는 지혜를 응축한 것이다. 축의 시대는 자연환경 속에서 자연과 맞서는 게 아니라 자연에 순응하는 시대, 즉 흙에 순응하는 시대였다.

흙에 대한 지배 — 근대 과학혁명과 산업혁명: 근대 문명

동서양이 다 같이 흙에 순응하여 살던 인류는 과학과 산업의 발전으로 새로운 양상을 맞이한다. 인도 문화권과 중원 문화권 그리고 고조선 문화권은 기존의 사고를 유지·발전시켜 나간 반면 그리스로마 문화권은 중세 암흑기[50]에 빠져들었다. 이후에 중동 문화권과 십자군전쟁을 통해 폭력적 교류를 하게 되었고, 고도로 발전된 중동 문화권[51]의 영향을 받아 르네상스 시대를 열게 된다.

50 종교가 극단화되면서 인간이 위축되었다. 인간의 악행을 저지르는 데 종교를 앞세우고 종교를 악용하는 인간의 만행이 자행되었다. 현대에서는 종교의 문제에 대해 자기중심적이고 기복적인 표층종교와 종교의 심층과 깨달음을 찾는 심층종교로 구분하며(오강남, 『진짜 종교는 무엇이 다른가』, 현암사, 2020; 류영모 저, 박영호 편, 『제나에서 얼나로』, 올리브나무, 2019), 기도와 기복을 구분할 것을 주문하고 있다(법륜).

51 문명의 시작인 중동 문화권은 실크로드를 통한 교류와 교역으로 발전을 거듭했으나, 십자

'서양철학은 플라톤의 각주'라는 말이 있듯이, 서양철학은 조로아스터에서 시작한 이분법을 전제로 성립되었다. 땅은 현실이고 그 어딘가에 이데아의 세계가 있다고 생각했다. 이러한 이분법(이원론, 실체론, 존재론, 타자화)은 (근대) 과학혁명의 시기에 뉴턴과 데카르트에 의해 체계적 정점에 이른다. 이를 기반으로 도래한 산업혁명은 자연환경도 이분법적으로 생각하고, 자연을 인간을 위한 자원 공급의 대상으로 인식했다. 이로 인해 무차별적인 채취와 남획이 벌어져서 자원 고갈과 기후 위기를 초래했다. 또한 인간사회도 이분법적으로 생각하여 지배와 피지배로 인식하고, 진화론을 왜곡하여 사회적 다윈주의[52] 이름으로 승자 독식 체제로 호도한다.

존재론(실체론), 이항 대립, 동일성의 인식 구조로 인해 인간 중심, 물신物神[53] 중심의 사회 체제를 구축했다. 자본의 속성인 무한 증식을 위한 자원의 무한정한 채취로 환경 파괴와 삶의 토대를 파괴했다. 존재론은 나와 남이 연결되어 있다는 생각보다는 나만 살려고 하고 남(他者)은 나와 상관없다는 생각을 낳게 한다. 또한 이항대립은 죽고 살고, 이기고 지고 같은 경쟁만이 살길이라는 생각을 낳았으며, 동일성

군전쟁으로 많은 타격을 입게 되었고, 이후에 몽골의 침입으로 거의 초토화되었다. '만일 이러한 일이 없었다면 우리가 먼저 우주선과 핵무기를 만들었을 것이다.'라는 말이 중동학자들에게서 나온다.

52 강자 생존을 말하면서 살아남은 자가 강자이고 강자의 행동은 정당하다는 논리로 진화론을 사회 현상에 적용하여 콩트, 스펜서 등이 주장한 이론이다. 이 이론으로 인해 사회학자들은 진화론에 대해 매우 못마땅하게 여기는 경우가 많다. 진화론의 왜곡이므로 사회적 스펜서주의로 부르고, 원래 진화론의 의미를 회복하는 것이 필요하다는 의견이 많다.(최재천, 『다윈 지능』, 사이언스북스, 2022)

53 재산, 소비, 물건이 사람보다 더 중요하다는 것으로서 이것을 가능하게 하는 것이 자본주의이며, 민주주의는 1인1표이고, 자본주의는 1원1표라는 말이 있다.

체계는 남(他者)은 배제하고 우리가 남과 같은 과도한 동일성을 강조하게 되어 모두를 대상화하고 객체화하여 상품화[54]하기에 이르렀다. 경쟁하고 그 경쟁에서 이긴 사람이 모든 것을 독식하는 승자 독식의 시대이고, 그 모든 것에는 사람뿐 아니라 자연도 가질 수 있다는 생각이 포함되어 있다.

근대 과학혁명을 이은 산업혁명의 시대는 근대 문명이며, 자연과 맞서고 지배하려는 시대, 즉 흙을 지배하려는 시대이다.

흙과 더불어 — 현대 과학혁명과 생태혁명: 생태 문명

과학의 발전으로 기존의 근대과학의 문제점이 드러나면서 현대과학[55]은 인류에게 새로운 관점을 제시한다. 현대물리학의 두 기둥인 양자역학과 상대성 이론은 기존 근대과학의 이분법적 사고를 버리고 하늘과 땅, 있고 없고, 입자와 공간이 이분법적으로 나뉘어 있는 것이 아니라 서로 연관되어 있으며[56] 서로 다르지 않음을 증명했다. 현대생물학은 생명이란 관계(상호작용)에 의한 변화가 모든 것을 결정

54 '10점 만점에 10점' 같은 노래는 대상화의 사례이고, 성 상품화는 인간의 상품화에 관한 대표적 사례이다.

55 현대과학을 가능케 하는 현대철학은 니체를 시작으로 하여 새로운 사유 체계를 제공한다. 이분법적인 실체론의 문제를 간파하고, 질 들뢰즈의 차이와 반복, 자크 데리다의 차이와 지연, 메를로퐁티의 몸 등 변화와 생성에 초점을 맞춘다. 이는 오래전 노자나 주역에서 설파한 내용과 상통한다.

56 "시공간의 모양과 물질의 분포는 어느 쪽이 먼저 결정되고 그에 따라 다른 쪽이 결정되는 것이 아니라 함께 서로를 결정한다. 둘은 상호의존 관계이다. 어떤 사물도 다른 것과의 관계를 떠나 독립해서 전재할 수는 없으며 모든 것은 다른 것과의 관계를 통해서만 의미를 가진다."『아인슈타인의 우주적 종교와 불교』(김성구, 불광출판사, 2018)를 『문과 남자의 과학 공부』(유시민, 돌베개, 2023)에서 재인용.

한다는 것을 알려 주었다. 땅에서 농사를 짓고 살면서, 땅에 영향을 주는 것을 고찰해 온 이래로 철학적·사색적 통찰과 적극적·과학적 탐구가 모두 같은 결론에 도달한다.

통찰과 탐구는 만물이 따로따로 존재하는 것이 아니라, 떨어져 있지 않고 서로 연관되어 다르지 않는 즉, 상보성(相補性, complementarity)과 지속성持續性을 속성으로 하는 불이(不二, 不離)임을 알려 주었다. 사회적으로는 땅에 대한 깊은 고찰의 결과로 천부자원[57] 개념이 나타났다.

근대철학과 과학에 의한 산업혁명을 기반으로 한 근대 문명은 이분법적인 사유이고, 현대철학과 현대과학에 의한 생태혁명은 모든 것이 생태적으로 연결된다는 사유이다. 근대문명에 의해 촉발된 기후 위기, 생명 다양성 저하, 자원 부족 등 생태 위기는 생태적 사유를 통해 벗어날 수 있다. 인류 문명사는 모든 생명의 토대인 땅에 대하여 생각하고, 그 땅에 영향을 미치는 것에 대해 고찰해 온 역사이다.

현대과학과 현대철학에 의한 생태혁명의 시대는 생태 문명의 시대이며, 자연환경 속에서 자연과 같이 상생하려는 시대, 즉 흙과 더불어 사는 시대이다.

57 천부자원이란 천부인권처럼 누구에게나 부여된 보편적이고 당연한 권리로써 자원을 보는 관점이다. 인권이란 인간이면 누구나 당연히 누려야 할 권리이듯이 천부자원도 누구나 보편적으로 부여된 것이므로 일부가 독점하여 이익을 보는 것은 부당하다는 개념이다. 헨리 조지는 대표적으로 토지를 언급했고, 토지는 공적으로 관리되거나 토지로 인한 이익은 세금으로 환수하여 공공의 이익에 쓰여야 한다고 주장했다. 우리나라 경제 발전의 원동력은 이승만의 반대에도 불구하고 국회의원 한 명 한 명을 설득한 조봉암의 토지개혁에 의한 것이다. 우리의 경제 발전은 토지개혁에 따른 근로 의식과 자긍심 고취 및 이를 기반으로 한 자식 교육과 그로 인해 교육된 사람들이 이뤄 낸 결과이다.(헨리 조지 저, 김윤상 역, 『진보와 빈곤』, 비봉출판사, 2016)

표1. **생명의 토대인 흙으로 본 인류 문명사**

생존 기반에 따른 분류

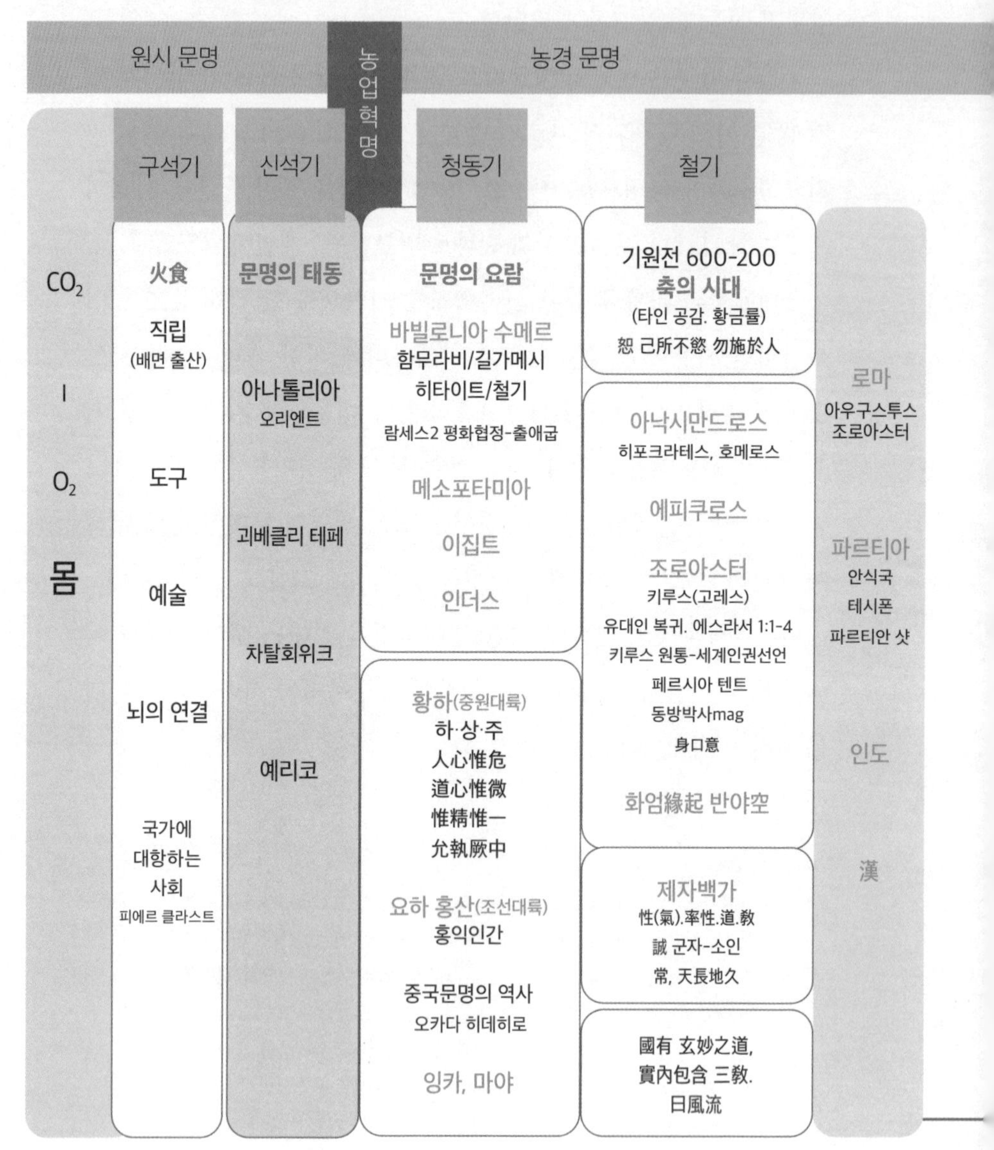

"사람이 나라의 근본이며, 밥은 사람의 하늘이다."

(民惟邦本食爲民天)

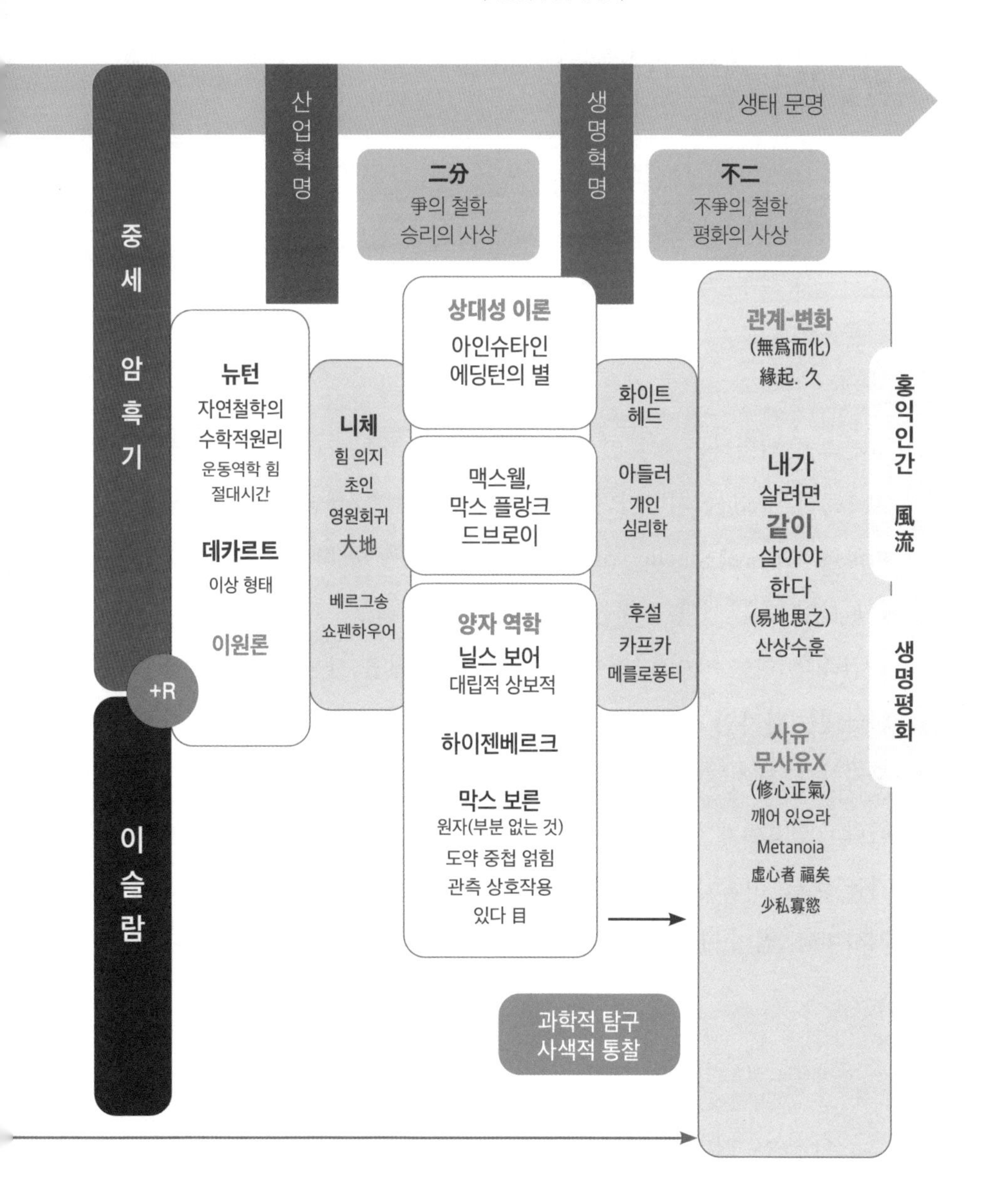
생태 문명
산업혁명
생명혁명
중세 암흑기
이슬람
+R
二分
爭의 철학
승리의 사상
不二
不爭의 철학
평화의 사상
뉴턴
자연철학의
수학적원리
운동역학 힘
절대시간
데카르트
이상 형태
이원론
니체
힘 의지
초인
영원회귀
大地
베르그송
쇼펜하우어
상대성 이론
아인슈타인
에딩턴의 별
맥스웰,
막스 플랑크
드브로이
양자 역학
닐스 보어
대립적 상보적
하이젠베르크
막스 보른
원자(부분 없는 것)
도약 중첩 얽힘
관측 상호작용
있다 目
화이트
헤드
아들러
개인
심리학
후설
카프카
메를로퐁티
관계-변화
(無爲而化)
緣起. 久
내가
살려면
같이
살아야
한다
(易地思之)
산상수훈
사유
무사유X
(修心正氣)
깨어 있으라
Metanoia
虛心者 福矣
少私寡慾
홍익인간
風流
생명평화
과학적 탐구
사색적 통찰

3

–

너그럽고 차별 없는 흙의 문명

건축을 의미하는 영문인 architecture는 archi와 tecture가 결합한 것으로서, archi는 희랍어의 arkhe에서 연원한다. 세상의 근본을 의미하며, tecture는 technology를 의미하여, 건축 architecture은 가장 근본적인 기술[58]이다.

건축[59]이라는 용어 이전에 조가造家[60]라는 말을 사용했는데, 집을 나타내는 한자인 가家는 울타리(宀) 안에 돼지(豕)가 있는 것을 표현한 문자이다. 돼지는 다산, 생명, 풍요를 상징하기에, 집이란 생명을 보존하고 풍요롭게 하는 울타리라고 할 수 있다. 생명이 태어나고 살아가는 것도 집이고, 죽음도 집에서 맞는다. 가장 비참한 죽음이 노상객사이다. 집이 아닌 밖에서 죽는 경우이다. 집은 생명과 뗄 수 없는

58 "건축가의 생각이 세상을 만든다고 생각은 안 해요. 그렇지만 거기서 사는 사람들이 세상을 만든다고요." (유걸, '건축가 어록').

59 일본 메이지유신 때 architecture를 건축으로 번역했다. 건축의 깊은 의미를 살리지 못하고 단순히 건축의 생산 활동 방식을 표현하는 대표적 오역 용어이다.

60 집을 만드는 것을 조가造家라고 하고, 경관을 만드는 것을 조경造景이라고 했다. 조경이라는 말은 살아남았으나, 건축보다 더 심오한 말인 조가는 사라지고 말았다.

관계이며 이러한 집을 짓는 건축은 이 세상의 가장 근본적인 기술이라고 칭했다. 집이란 생명을 보호하는 울타리이다.

이는 집을 의미하는 우宇와 주宙가 합쳐져서 '우주宇宙'가 된 것과도 상통한다. 우리가 우주라는 단어를 쓸 때 한자로는 宇(집 우) 자와 宙(집 주) 자를 쓴다. 우주는 집이다. 그러면 왜 우주를 집이라고 표현했을까? 우주는 다른 말로 천지天地이다. 그 속에 사람이 '산다'. 사람이 살 수 없다면 그것은 집이 아니다. 폐허다. 땅(地)으로 지어 놓고 그것과 만나는 하늘(天)을 통하여 인간이 생활하는 생명의 장(場)을 구축하는 것이다. 집은 땅(地)에서 하늘(天)을 만나게 하고, 그 안에서 생명의 작용이 이루어진다. 우주의 메커니즘하고 똑같기 때문에 우주를 표현할 때 집이라고 한다. 그래서 우주는 집이다. 집은 우주다.[61] 생태를 지칭하는 ecology 또한 집(eco)과 학문, 진리(logos)가 합쳐진 것으로서, 생명이 사는 생태란 집에 관한 학문을 의미한다. 건축은 생명을 전제로 한다.

이러한 본질적 의미에서 본다면 근대건축은 산업혁명 이후 산업화·도시화에 따른 과밀 공간을 해소하여 인간적인 삶의 공간에 대한 대안을 제시했다는 측면에서 그 의미라도 찾을 수 있다. 하지만 최근 건축은 자본에 의한 끊임없는 팽창과 난개발(Higher, Bigger, Deeper)로 인간만 살자고 다른 생명의 터전을 일방적으로 빼앗아 왔다. 지금의 건축은 자연에서 와서 자연으로 돌아가는(皆生於土 而反於土) 관계적 건축

61 전통적으로 우리는 전체 우주는 대大우주, 집은 중中우주, 사람은 소小우주라고 표현하면서 각각의 상관관계에 대해 깊이 조망하는 삶을 살았다. 이와는 반대 방향으로 본래의 피부를 제1 피부, 옷을 제2 피부, 집을 제3의 피부로 칭하기도 한다. 칭하는 방향은 반대이지만 둘 다 생명과 건축의 관계를 살펴 말한다는 공통점이 있다.

이 아니라, 자연과 인간을 별개로, 인간과 인간을 분리하는 지속성이 없는 단절적이고 파괴적 건축이다.

지금의 건축은 기후 변화를 해결하려 노력하는 것이 아니라 기후 변화에 단순 대응도 제대로 못하는 건축이다. 지구를 지배하려고 하는 낡은 건축이다. 이제는 인간이 살 건축을 합리적으로 줄이고, 다른 생명의 터전을 돌려주어야 한다. 무분별한 난개발의 욕심을 줄여 생태적으로 공존할 수 있게 해야 하는 시점이다. 생명의 토대(흙)를 줄이는 것에서 늘리는 건축으로 문명사적 전환이 필요하다.

흙humus은 인간human과 겸허humility와 어원이 같다. 흙의 속성은 너와 나는 다르지 않다는 생각(不二, 不離)으로 나와 타자의 관계를 생각한다. 모든 것을 너그러이 받아들이고 차별 없이 존중하는 겸허[62]함인 것이다. 관계론적인 사유로 다양성을 인정한다.

흙건축earth architecture[63]은 흙의 건축이다. 흙의 의미와 흙이라는 구체적 재료를 통해 역사적으로 건축이 변화하면서 놓쳐 버린 건축의 본질적 의의를 구현한다. 흙의 의의를 생각하여 흙의 성격에 맞게 하는 건축이고 흙(생명의 터전, 토대)을 늘리는 건축이다.

건물을 합리적으로 줄여서(Low impact) 좋은 집(숨 쉴 수 있는 집)을 짓고,

62 겸허의 반대는 오만, 독선, 일방성이다. 너와 나는 다르다는 생각으로 나와 타자를 이분二分하고 차별하는 것이다. 나만 산다는 생각으로 욕심이 생기고 경쟁하니, 눈이 가려지고 귀가 닫혀 아둔해진다. 어른스럽지 못하다는 말처럼 주변을 고려하지 않아, 타자는 죽게 되고 결국 나를 포함하여 다 죽는 과정을 이해하지 못하는 것이다.

63 흙건축의 정의에 대하여, 김문한은 건축 재료로 흙을 사용한 집이라고 했고, 정기용은 흙을 소재로 지은 집이라고 했다. 한국흙건축연구회에서 2006년 '흙건축은 자연 상태의 흙을 소재로 하는 건축 행위와 그 결과물이며, 좁은 의미로는 건축의 주된 재료로서 흙의 역할이 강조된 건축물'로 정의했다.

녹지(토대)를 늘려서(High contact) 건강한 마을과 걸을 수 있는 도시[64]를 만들어 같이 살아야 한다(Amenity). 흙은 오래전부터 사용해 온 전통적인 소재[65]인 데다가 주위에서 흔해서 구하기 쉬운 재료이며 값도 싸서 새롭게 주목받고 있는 재료이다. 또한 사용하고 난 다음에 폐기물을 남기지 않고 자연으로 순환되며, 동식물의 생육에 좋은 영향을 미치고, 자재를 생산하기 위한 원에너지가 극히 낮은 재료[66]이다. 무엇보다도 유럽제국들은 2050년까지 철근 소비를 현재 사용량에서 90퍼센트, 알루미늄 85퍼센트, 시멘트 80퍼센트만큼 줄이려 노력하고 있다. 흙이 아니면 어떻게 해결할 수 있겠는가?[67]

흙은 땅의 속성을 가진 재료이다. 천지만물의 관계에 기반해 모든 것을 받아들이고 생명을 살려 내는 관계성을 가진 상보적이고 지속성이 있는 재료이다. 하지만 흙을 지금 방식[68](자연과 인간을 별개로, 인간과 인간을 분리적으로)으로 사용하면 오히려 파괴이다.

흙건축은 새로운 재료, 새로운 방식, 새로운 생각이 필요한 건축이

64 도시는 커다란 도시계획에 의해서만 되는 것이 아니고, 조그마한 건축물이 모여서 도시가 된다. 그 건축물 하나하나가 잘 만들어지고, 도시를 바꾸는 그러한 건축물을 품고 있는 도시가 좋은 도시다. 건축물은 도시를 안아야 하고, 도시는 건축물을 품어야 한다.

65 흙건축은 일만 년의 역사를 갖고 있다. 인류가 건설한 최초의 도시는 바로 흙을 이용한 것이었다. 흙건축의 역사 자체도 대단하지만, 더욱 놀라운 것은 대부분의 건축 역사서가 오랫동안 흙건축을 간과했다는 점이다.(퐁피두 센터 쟝 드디에Jean dethier와의 인터뷰)

66 건축 자재별 원에너지(kcal/kg): 자재 1kg를 만들어 내기 위한 총 투입 자원을 칼로리로 환산한 수치로서, 수치가 낮을수록 친환경적이다. 흙 5, 목재 250, 시멘트 1160, 철강재 7400, 알미늄 73000, 석고보드 2043, 유리 3785, 합성수지 제품 22000.

67 CRATerre 부소장 Hugo Houben 인터뷰.(KBS 수요기획 〈세계의 흙집〉, 2003.4.30.)

68 시멘트가 처음 상용화되었을 때 사람들은 시멘트를 큰 돌덩어리로 만들어서 쌓는 방식으로 사용했다. 새로운 재료인 시멘트를 옛날의 돌 쌓는 방식으로 사용한 것이다. 시멘트에 걸맞는 철근 콘크리트 타설 방식은 페레(Auguste Perret), 르 코르뷔지에(Le Corbusier) 같은 건축가의 연구와 노력 이후의 일이다. 새로운 건축에는 새로운 사유가 필요하다.

다. 흙은 새로운 사유를 가능하게 하는 재료이며 가장 오래된 재료이자 가장 새로운 재료이다. 어느 곳에서나 어떤 방법으로나 누구나 다 가갈 수 있는 특성[69]을 지녔다. 생활 기술Life tech에서 첨단 기술High tech까지 기술적 다양성을 지녔고, 저가에서 고가까지 경제적 다양성을 지녔으며, 과거에서 미래까지 시대적 다양성을 지녔다. 죽어 가는 지구를 살려 내고, 그 속에 사는 사람들을 살려 내고, 사람들 간의 관계를 살려 내는 흙집은 죽임집이 아니라 살림집이다.

흙건축은 흙의 건축이다. 사람을 살리고, 관계를 살리고, 지구를 살리는 흙건축은 생명의 건축이다. 경쟁하지 않고, 서두르지 않고, 드러내지 않는 흙의 속성으로 생태 문명은 흙의 문명이다. 흙건축은 생태 문명의 건축이다.

왜 흙인가? 흙으로 지구를 살리자.(Why earth? Use earth, Save Earth.)

69 흙건축의 성격을 한마디로 정의한다면, 능대능소能大能小이다. 즉, 흙은 천의 얼굴을 가졌다!

2장 / 흙건축 이론

1

–

생명과 관계로서, 공간론

누군가와 거리를 둔다는 것은 그 누군가가 없으면 거리도 없다는 뜻이다. 거리는 나 이외에 상대방이 있어야 성립할 수 있는 개념이다. 물체 사이의 거리를 통상적으로 공간(Raum, chora)이라 한다. 그렇다면 물체가 없으면 공간은 없는 것일까? 아니면 물체의 유무와 상관없이 항상 존재하는 것일까?

기원전 4세기 아리스토텔레스는 모든 것은 본연의 장소(topos)를 가지고 있으며, 공간은 경계가 정해진 곳으로서, 비어 있는 곳은 없다고 했다. 이러한 공간관이 이어져 오다가 아이작 뉴턴은 물체의 유무와 상관없이 공간은 항상 존재한다는 절대공간·절대시간 개념을 주창했고 x, y, z의 3차원 공간 좌표계를 통해 개념화했다. 이러한 뉴턴 공간관은 근세까지도 건축 공간 이해의 기본이 되고 있다.

현재에는 과학과 인지의 발전에 의해 새로운 공간 인식이 대두되게 되었다. 여기에서는 이를 위한 몇 가지 개념들을 물리학적 관점과 생물학적 관점에서 정리하고, 흙건축에서의 공간을 정리했다.

물리학 관점에서의 공간 개념

1) 상대성 이론에서의 공간

제임스 클러크 맥스웰James Clerk Maxwell에 의해 전자기력은 전하들 사이의 전자기장을 통해 작용한다는 전자기장ElectroMagnetic Field 이론[70]이 정립되었다. 이로 인해 눈에 보이지는 않지만 작용을 하는 장(場, Field)의 개념이 알려지게 되었다. 이 이후 공간은 텅 비어 있는 것이 아니라, 눈에 보이지 않지만 파도처럼 물결을 이루거나 휘어져 있는 실체라는 공간 개념이 성립되었다. 우리는 눈에 보이지 않는 중력장Gravitational Field 속에 살고 있고, 시간과 공간이 합쳐진 시공간 개념으로 인해 시간[71]이 서로 다르게 가는 차이가 발생[72]한다는 상대성 이론에 의한 공간 개념이 등장한 것이다.

70 이 이론은 쿨롱의 법칙, 패러데이 전자기 유도 법칙, 앙페르 회로 법칙 등 여러 연구 성과를 토대로 하여 성립되었다. 전기와 자기가 별도의 에너지가 아니라 같은 에너지이고, 빛도 이와 같다는 이론이며, 빛의 파동성을 입증했다.

71 시간에 관한 이론은 크게 두 가지로 정리된다. 시간은 없다, 시간은 흐르지 않는다는 주장(공간이 펼쳐져 있는 것처럼 시간도 펼쳐져 있다. 다만 엔트로피에 의해 시간이 흐른다고 생각하는 것이다.-카를로 로벨리)과, 시간은 흐른다는 주장(빅뱅으로 인해 공간이 팽창하고 있는 것처럼 시간도 만들어지고 있다. 그 끝단이 지금(NOW)이다.-리차드 뮬러)이 있다. 이 두 이론은 지금도 치열하게 검증되고 있다. 한편 동양에서는 이미 2,500여 년 전에 시간이란 공간의 변화를 인식하는 과정이며 따라서 공간이 없으면 시간도 없다는 묵자의 주장도 있었다.

72 아인슈타인의 상대성 이론에 의한 중력렌즈 효과이다. 아인슈타인과 더불어 현대과학의 천재로 불리는 아서 스탠리 에딩턴이 1919년 실측으로 증명했고 이를 일컬어 '에딩턴의 별'이라고 한다.

2) 양자역학에서의 공간

또 한편에서는 전기장의 에너지가 양자와 같은 덩어리로 분포되어 있다는 막스 플랑크의 주장이 등장했으나, 당시에는 에너지가 연속적으로 변한다고 생각하여 배척되다가, 5년 후 아인슈타인의 광전효과[73]로 증명되었다. 이후 양자도약[74] 개념 정리를 거쳐 양자역학이 정립[75]되었다. 이 이론에 따르면, 비어 보이는 공간도 양자(더 이상 쪼갤 수 없는 단위의 에너지 덩어리)들이 눈에 보이지 않는 작은 파동의 형태로 채우는데 이것을 장(場, Field)이라고 하며, 이 작은 파동들은 관측(상호작용)에 의해 끊임없이 물질[76]이 생기고 사라지는 역동적인 관계이다.

물리학적 관점에서의 공간은 공간이 곧 중력장이며, 공간은 질량을 가진 물체 간의 관계를 뜻한다.

생물학적 관점에서의 공간

'생명이란 무엇인가?'라는 주제는 생물학에서 생명의 신비와 근원을 탐구하는 다양한 연구를 진행시킨 질문이다. 앞 장에서 살펴본 대

73 아인슈타인은 상대성 이론이 아니라, 빛이 입자라는 광양자설에 의한 광전 효과로 노벨상을 받았다. 이로 인해 빛은 파동과 입자의 성격을 모두 가진다는 이중성을 인정받는 계기가 되었고, 훗날 루이 드 브로이는 광자뿐 아니라 다른 물질 입자도 파동성을 동시에 지닐 수 있다는 물질파 이론을 내놓는다. 광전 효과를 이용하여 우리는 태양전지, LED 같은 기술을 이용할 수 있게 되었다.

74 양자역학의 주요 개념으로서 전자가 연속적으로 움직이는 게 아니라 한 궤도에서 다른 궤도로 도약하는 것을 말한다.

75 양자역학의 개념을 정립한 주역은 닐스 보어, 하이젠베르크, 막스 보른 등이 있으며, 이들이 코펜하겐에서 주로 연구 활동을 해서 코펜하겐 해석이라고 불린다.

76 물질의 기본인 입자의 구성 요소는 원자인데, 원자는 전자(전기적으로 -)와 원자핵으로 구성되며, 원자핵은 양성자(전기적으로 +)와 중성자(전기적으로 중성)로 이루어져 있다.

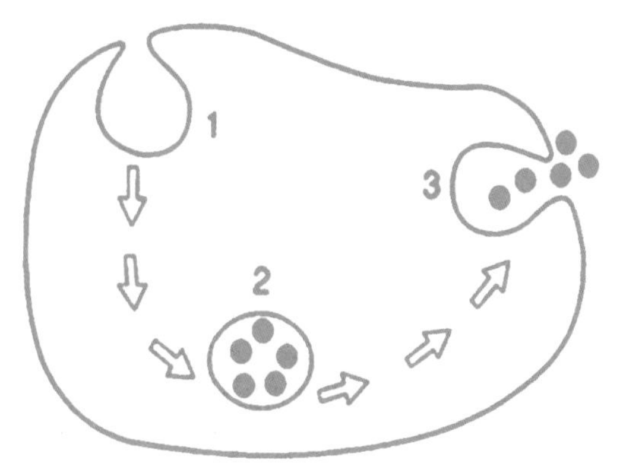

그림2. 내부의 내부는 외부 개념

로 생명에 대한 여러 논의가 있었는데, 최근에는 '생명이란 관계성을 유지하는 동적 평형dynamic Equilibrium[77] 상태'라는 의견이 대두되고 있다. 우리의 몸은 매일 우리가 음식을 먹음으로써 형태를 유지하고 있으며, 모든 생명을 유지하고, 우리가 살아가는 우주를 이루는 기본 개념인 동적 평형은 끊임없는 변화와 항상성을 이루는 관계가 생명의 본질임을 밝힌다.

동적 평형은 세포 내에서, 세포와 세포 사이에서, 조직과 조직 사이에서 지속적으로 이루어지는데, 동적 평형을 위한 활동의 재미난 예로서, 조지 펄레이드의 '내부의 내부는 외부' 개념이 있다. 위의 그림2는 이러한 것을 설명한 것이다. 내부와 외부를 명확하게 구분하는 단순한 구획 방법이 아니라 내부와 외부의 역동적 관계를 이용하는 건축적 방식은 담양 소쇄원을 비롯한 우리 전통건축의 공간에서 많이 적용되었다.

77 이러한 동적 평형이라는 개념(후쿠오카 신이치 저, 김소연 역,『동적 평형』, 은행나무, 2010)은 우리의 풍류風流 개념을 연상하게 한다.

세포 내부에서 바로 처리하게 되었을 때 세포 내부 전체가 문제가 될 수 있는 경우, 세포막이 외부로부터 함몰되어 들어온 후(1) 필요한 처리를 하고(2) 다시 외부로 내보내는(3) 과정을 거친다. 이 때 (2)의 내부는 외부의 물질이므로 '내부의 내부는 외부'라고 표현된다.

생물학적 관점에서 공간 개념은 기하학적 공간 개념을 넘어서는 공간 개념을 암시한다. 생명은 동적인 관계이며, 이러한 다층적인 관계로 이루어지는 공간이 생명의 장이며 이는 곧 관계임을 알려 준다.

흙건축과 공간

건축에서 공간空間은 기본적으로 비어 있는 것[78]이며, 비어 있는(空) 사이(間)이므로 공간은 곧 관계를 나타내는 말이다. 이것은 또한 무언가가 되려는 잠재성과 무언가가 될 수 있는 가능성을 내포한다. 건축공간은 사람과 관계를 맺음으로 인해서 인식[79]되고 정의된다. 기둥이나 벽이라는 실체를 통해 기둥과 벽 사이의 공간을 인식하고 관계 맺는 것이다. 누군가에게는 복도이고 누군가에게는 로비이며 누군가에게는 쉼터가 된다. 인간의 존재와 행위는 공간적 체험[80]에 연결되어 있다.

78 찰흙을 빚어 그릇을 만들면, 그 비어 있음에, 그릇의 쓰임이 있다.(埏埴以爲器 當其無有器之用) 문과 창을 뚫어 방을 만들면 그 비어 있음에, 방의 쓰임이 있다.(鑿戶牖以爲室 當其無有室之用) 노자,『도덕경』, 11장.

79 "땅은 그 곳과 인연을 맺은 사람 때문에 후세에 전해지는 것이지 단지 경치가 빼어나서 전해지는 것은 아니다." 강세황,「송도기행첩」中.

80 "삶과 정신이 천박하면 건축은 천박해지고, 건축이 천박해질 때 삶과 정신은 병든다. 삶과 정신이 건강하면 건강한 건축이 만들어지고, 건축이 건강할 때 삶과 정신은 치유된다." 최우용,『다시 관계의 집으로』, 궁리, 2013.

물리학적 관점에서의 공간은 공간이 곧 중력장이며, 공간은 질량을 가진 물체 간의 관계를 뜻한다. 생물학적 관점에서 생명은 동적인 관계이며, 이러한 다층적인 관계로 이루어지는 공간이 생명의 장이며 이는 곧 관계임을 알려 준다. 이를 종합하면 공간은 관계이고 생명은 관계이다. 건축 공간은 생명 공간이고, 관계는 그 핵심이다.

건축물을 왜 짓는가 하는 것은, 밥은 왜 먹는가, 옷은 왜 입는가처럼 본질적인 것이어서 명시적으로 확언할 수는 없지만 '산다'[81]는 것과 직접적인 관련이 있다. 산다는 것은 삶이고, 삶은 생명이며, 생명은 목숨이다. 목숨의 숨은 호흡인데, 이는 우주의 호흡을 뜻하고 우주와 관계를 나타낸다. 생명은 관계이다. 관계의 단절은 죽음[82]이다.

산다는 것은 나와 타자와의 관계에 대한 성찰이다. 자기 생명이 살아야[83] 하고 타인과 같이[84] 살아야 하며 자연과 같이[85] 살아야 하는 것이 중요하다. 이러한 인식들은 타자를 내 마음처럼 헤아리는 것[86]이

81 산다는 것에는 먹고산다, 살아간다, 살아 내다, 잘산다, 사는 게 사는 게 아니다, 죽지 못해 산다처럼 다양한 개념들이 통용된다.

82 죽음은 관계의 단절이다. 예를 들어 정치적 관계가 끊어지면 '정치적 죽음을 맞이했다, 정치적 사망 선고를 받았다'라고 표현한다.

83 건물과 삶에 대한 여러 성찰이 있는데, 몇 개만 들어 보면 다음과 같다. "어떤 건물을 만든다는 것은 어떤 인생을 만들어 내는 것이다."-루이스 칸; "우리가 건물을 만들지만, 이 건물들은 또한 우리를 만든다."-윈스턴 처칠; "학교 건물은 가장 큰 선생님이다."-조르지오 폰.

84 서로 간의 교류가 중요하다는 뜻으로, 알면 이해하고 이해하면 공감된다. 이러한 예로는 픽사의 중앙 배치와 화이트보드, 케임브리지 대학의 스몰 티 룸 등이 있다.

85 자연을 객체화하는 한계가 있기는 하지만 자연의 중요성을 설하는 논의들이 있다. "자연이 도시의 악을 씻어 내는 데 필수적인 해독제다."-윌리엄 워즈워드; "정원을 가꾸는 일은 가장 위대한 마지막 완성이 될 것이다."-헤르만 헤세; "정원이 없는 집에서 사는 것은 영혼이 없는 것과 같다."-영국 속담.

86 공자의 서(恕=如心) 개념이나, 우리 조상들의 지혜가 함축된 우리 한자성어인 역지사지易地思之, 카렌 암스트롱이 축의 시대를 고찰하여 길어 올린 지혜인 '황금률(네가 싫은 것을

그 기저를 이룬다. 생명은 관계이며, 모든 인간의 활동은 생명에 기인한다. 생명의 다른 표현은 삶이고, 삶을 나타내는 징표는 몸[87]이다. 몸이 살 수 있는 조건을 만드는 것이 건축이다. 결국, 건축 공간은 몸에 의한, 몸의 활동과 관련된 관계맺음[88]이다. 몸의 편안함을 위해, 시간과 공간의 관계맺음, 자연과 인공의 관계맺음, 내부 공간과 외부 공간의 관계맺음, 공적 공간과 사적 공간의 관계맺음의 과정이라고 할 것이다.[89]

침실, 주방, 거실 등 주요 활동 중심으로 구획된 서구적 주거 공간 개념과는 다르게, 우리의 공간은 관계맺음의 방식에 기반하여, 외부 공간을 활용하고 비워 두는 공간을 둠으로써 집이 클 필요가 없다. 작은 공간으로도 큰 공간적 만족감을 누릴 수 있다. 그러나 아파트나 아파트처럼 되어 버린 단독주택은 모든 것을 실내에서 해결해야 하니까 공간에 대해 욕심낼 수밖에 없다. 근대건축으로 표상되는 현재

타인에게 시키지 말라)' 등이 같은 맥락에서 이해될 수 있다.

87 몸은 육체를 나타내기도 하지만, 몸은 육체와 정신을 불이不二로 아우르는 표현, 즉 몸과 마음(인식하고 처리하는 뇌 활동의 방식)을 포괄적으로 나타낸다고 했다.

88 이러한 균형 인식은 이후 대칭적인 균형, 비대칭적인 균형으로 예술에 적용되어 다양한 미학 개념이 등장하게 된다. 비트루비우스에서 레오나르도 다빈치에 이르기까지 많은 예술가들이 몸의 비례에 따른 감각을 중시했으며 여러 작품에 적용시켰다. 황금비율(1:1.618, 대략 1:1.6, 3:5, 5:8) 또한 몸에 의한 비례감을 표현한 것이다. 이러한 것들은 인체 비례에 따른 관계론적 인식이 반영된 것이다. 미터법은 인체와 무관한 기준으로 만들어진 것이어서 균형과 비례에는 적합하지 않은 방식이다. 1평(1.8x1.8m, 6자x6자)은 한 사람이 편히 누워서 생활할 수 있는 면적으로서 인체 비례에 의한 크기이며, 우리 조상들은 이러한 면적 인식을 바탕으로 길이를 가늠했는데, 사람이 실제 생활할 수 있는 면적을 먼저 생각하고 그에 따른 길이를 추산하는 관계론적 인식의 산물이다.

89 창덕궁, 부석사, 소쇄원 등 우리 건축에는 이러한 관계맺음의 특징을 보여 주는 건축이 많다. 필요한 것을 가지려는 욕구보다 불필요한 것을 갖지 않겠다는 용기로, 할 수 있는데 안 하는 겸허의 결과라고 본다.

의 건축은 공간을 느낄 수 있는 기회가 상실되었고, 이로 인해 공간-건축-생명의 관계를 체험하기 어렵게 되었다. 우리는 어떤 공간을 생각하는가? 지금, 우리의 공간은 어떠해야 할까? 현재 내 공간은 어떻게 구성되어 있나, 내 공간은 적절한가, 누구를 위한 공간인가 하는 자기 공간에 대한 분석과, 나는 주로 무엇을 하며 보내는가, 무엇을 하고 싶은가 하는 자기 행태 분석을 통해 나에게 맞는 공간, 나에게 필요한 공간을 구성하며 이러한 공간이 타자와의 관계를 어떻게 맺어야 하는지의 균형[90]을 잡아야 한다.

흙건축은 흙의 건축이다. 흙이란 생명과 관계를 상징하는 말이라는 것을 앞에서 살펴봤는데, 흙건축은 관계를 전제로 가능한 건축이며 생명을 전제로 가능한 건축이다. 흙건축은 관계를 인식하고 실천하는 건축이다. 시간과 공간은 시공간으로 얽혀 있으며, 공간이 없으면 시간도 없어서 공간은 지속성을 전제로 한다. 고전적 의미에서의 공간 개념에서 벗어나 공간은 관계라는 새로운 개념으로 건축을 살펴봐야 한다. 그것을 가능하게 하는 것이 흙건축이다.

90 "균형의 개념은 아주 오래전 몸에서 시작되었다. 사냥이나 채취를 하던 전기 구석기 시대에는 신체의 균형을 의미했고, 도구를 사용한 후기 구석기 시대에는 사냥감이 늘면서 저장의 문제가 대두되어 삶의 균형이나 예술작품의 균형이라는 의미로 발전했다. 또한 신석기 혁명 이후 풍족한 식량으로 인해 살림이나 재정의 균형으로, 기축 시대에는 중도, 중용이라는 철학적 개념으로 발전했다." 이도흠, 『원효와 마르크스의 대화』, 자음과모음, 2015.

2

–

불필요한 것을 없애는,
기획론

소비의 개념

우리는 살아가기 위해 어쩔 수 없이 타인과 자연에 대해 폐를 끼치며,[91] 소비는 삶을 위한 불가피한 행위이다. 그러나 현 산업사회는 그 도를 넘어서서, 계획적 폐기와 자원의 무제한적 착취로 인해 과잉 생산과 과다 소비가 당연한 것처럼 여겨지고 있다. 계획적 폐기는 소비 주기를 짧게 하여, 계속적이고 반복적인 소비를 일어나도록 유도한다. 제품의 기획, 설계의 전 과정에서 일부러 성능이나 내구성을 저하시키는 것으로서, 이전 제품의 계획적 폐기가 후속 제품의 생산 토대가 되도록 한다. 자원의 무제한적 착취는 가용 자원을 무한정 채취할 수 있다는 환상에서 출발했고, 재활용·재사용 등 순환적인 자원 소비에 대한 고려가 없는 일방적인 자원 소모를 의미한다. 이러한 계획적 폐기와 자원의 무한 착취의 상황에서 우리의 소비는 어떠한가?

91 "신체를 가지는 한 폭력은 불가피하다." 메를로퐁티.

지금은 우리의 소비에 대하여 근원적 질문[92]을 할 때이다. 소비를 많이 하면 편리하긴 하지만, 그 편리함에 대한 근본적인 문제를 제기할 때이다. 누구를 위한 소비인가, 진짜 나를 위한 소비인가, 우리의 소비가 누구의 이익을 위한 것인가, 나에게 맞는 소비는 얼마만큼인가, 우리의 삶의 질을 높이는 소비는 어떤 것일까.

삶은 소비를 전제로 한다는 말이 있듯이 소비는 우리의 삶을 영위하는 데 없어서는 안 되는 요소이다. 하지만 승리 소비, 패배 죽음이라는 극단적인 현 상황에서 적정 소비 개념을 통해 과다 소비에 대한 환상을 깨야 한다. 무엇이 필요한 것이고 무엇이 불필요한 것인지 자기 삶의 행태와 방향에 대한 성찰이 중요하다. "행복이란 나에게 필요한 것을 얼마나 가지고 있는가가 아니라, 나에게 불필요한 것을 얼마나 가지고 있지 않는가이다."라는 법정 스님의 말처럼 필요한 것을 가지려는 욕구보다 불필요한 것을 갖지 않겠다는 용기로, 자본의 이익을 위한 소비, 무지에 의한 소비에서 삶을 위한 소비로 바꿔야 한다. 돈(이익)이 지배하는 삶을, 경쟁에 눌린 삶을, 행복한 삶으로 바꿔야 한다. 우리의 삶은 저들의 이익보다 중요하다.

돈이 없으면 죽는다는 공포는 생존을 보장하는 국가 사회 시스템을 통해 극복되어야 하고 이는 구성원들의 합의적 노력이 필요한 부

92 기세춘, 『실학사상』, 바이북스, 2012. "이利를 추구함이 의義로 나아가지 못함을 걱정해야지, 사람들이 이利를 추구하는 것을 걱정할 것은 없다."(혜강 최한기, 『추측록』 권5, 추기측인의리); "이利를 도모해도 되는가. 사람은 이利가 아니면 살 수 없으니 어찌 도모하지 말라 하겠는가. 이利를 추구함이 의義로 나아가지 못함을 걱정해야지, 사람들이 이利를 추구하는 것을 걱정할 것은 없다. 욕慾을 도모해도 되는가. 욕慾이란 사람의 정情이니 어찌 도모함을 불가하다 하겠는가. 다만 도모한다 해도 예禮로써 하지 않으면 탐욕이요 방탕이니 죄다."(혜강 최한기, 『이구집』 권2 원문)

분이다. 하지만 돈이 있으면 행복하다는 환상을 깨는 것은 개인적 결단에 의해서도 가능하다. 지금, 여기, 나부터, 가까운 것부터 실천할 수 있다. 적정 소비, 삶을 위한 소비를 통해서 우리는 지구 환경의 보존과 우리 삶의 위기를 극복할 수 있다.

소비와 기후 위기

무의미하고 과도한 소비는 우리의 삶을 저열하고 천박하게 만들었을 뿐 아니라, 전 인류의 생존을 위협하는 기후 위기를 불러왔다. 기후 위기는 자본주의 경제 성장[93]과 연관이 깊은데, 지금까지 사용한 화석 연료의 절반 정도가 1989년 냉전 종결 이후 소모되었다.[94] 대공황 이후 자본 수익률이 저하되어 규제 완화와 법인세·소득세 인하를 추구해 온 신자유주의가 등장한 시기와 맞물린다. 신자유주의는 노동 분배율을 저하시켜 경제 불평등을 심화시켰고, 기후 변화는 이러한 불평등과도 연관되어 있다. 이는 초부유층의 과잉 소비와 밀접한 관련이 있는데, 전 세계 소득 상위 10퍼센트가 전체 이산화탄소 배출량의 절반을 배출[95]하고 있으며, 이들이 평균적인 유럽인 수준으로 배출한다면 전 세계 이산화탄소 배출량이 3분의 1로 줄어든다.[96]

93 "유한한 세상에서 성장이 영원히 계속되리라 믿는 이는 사람은 정신 나간 사람이거나 경제학자 둘 중 하나다." 케네스 볼딩(Kenneth E. Boulding). 미국 경제학자.

94 사이토 고헤이 저, 김현영 역, 『지속 불가능 자본주의』, 다다서재, 2021.

95 극단적인 탄소 불평등(Extreme Carbon Inequality). 소득 계층별 이산화탄소 배출량의 비율. 옥스팜(Oxfam).

96 글로벌 카본 프로젝트 자료에 의하면, 2018년 한국의 1인당 이산화탄소 배출량은 12.4톤으로 세계 평균인 4.8톤을 훨씬 넘어서 세계 4위였다. 기후변화행동연구소 자료는 2020년 한국은 8위였으며, 2030년에는 1인당 이산화탄소 배출량이 1위가 될 수 있다고 전망했다.

반면 하위 50퍼센트 사람들은 이산화탄소를 10퍼센트 정도만 배출하지만 기후 위기의 피해에는 가장 먼저 노출되어 있다. 기후 위기로 지구상 모든 사람들이 똑같이 피해를 입는 것이 아니다. 기후 위기로 인해 다 죽으니까, 나만 죽는 거 아니니까 괜찮아! 하는 생각은 틀린 생각이다. 유럽의 시리아 난민이나 미국의 온두라스 난민 문제도 기후 위기로 인한 빈곤 내전으로 발생한 결과이다. 식량, 에너지, 원료의 생산 소비가 연결된 환경 부하는 불평등하게 분배되고 있다.

이러한 기후 위기를 해결하기 위해 전 세계에서 많은 시도를 하고 있다. 하지만 단순한 공간적·시간적 전가일 뿐인데 마치 해결한 것처럼 착각하는 것[97]을 지양하고 근원적인 해결 방안이 필요하다. 그래서 등장한 개념이 기후 정의climate justice이다. 원인 제공자에 대한 책임을 분명히 하여 강력한 누진성 기후세를 부과하고, 기후 위기로 고통받는 사람을 보호하며 새로운 공동체로 나아가는 것을 지향한다. 그 대표적 사례가 바르셀로나 기후 비상 사태 선언[98]이다. 선언의 내용을 일부 살펴보면 다음과 같다. "변함없는 성장과 이윤 획득을 위한 무한한 경쟁에 기초하기에 자연 자원의 소비가 계속 늘어나고 있다. 그와 동시에 경제 격차도 현저하게 벌어지고 있다. 풍요로운 나라의 일부 초부유층에 의한 지나친 소비가 세계적인 환경 위기, 특

97 네덜란드 오류라고 불린다. 자원 채굴과 쓰레기 처리 등 경제 발전의 부정적 영향을 글로벌 사우스로 전가한 것에 불과한 것을 환경오염을 줄이면서 경제 성장을 이루었다고 착각하는 환상을 나타내는 말이다.

98 fearless city는 두려움을 모르는 도시, 또는 두려움 없는 도시로 번역된다. 국가가 강압하는 신자유주의적 정책에 반기를 든 혁신적 지방 자치 단체를 가리키기도 한다. 이러한 도시 중에서 가장 주목받는 곳이 바로 2020년에 '기후 비상 사태 선언'을 발표한 바르셀로나이다. (www.fearlesscities.com)

히 기후 위기의 대부분의 원인임은 틀림없는 사실이다. 선진국 대도시는 협동적인 돌봄노동[99] 및 타인이나 자연과 맺는 우호적 관계를 중시하여 누구도 뒤쳐지지 않는 사회로 전환하는 것을 앞장서서 이끌 책임이 있다. 물론 그 비용을 부담하는 것은 가장 특권적인 지위의 사람들이다."

두 번째 기후 위기 해법은 진짜 행복의 의미를 성찰하는 일이다. 행복은 욕망에 대한 성취의 값('행복=성취/욕망')으로 표현[100]되기도 한다. 성취만을 중요시한 자본주의에 의한 헛된 욕망으로 장시간 고된 노동과 기후 위기를 불러온 한계에 다다른 지금은 욕망[101]에 대해 성찰할 시점이다. 지금처럼 소비한다면 지구가 10개쯤 있어야 한다는 자조 섞인 이야기에서 욕망을 합리적으로 줄여 나가는 것을 성찰해야 한다. 소비를 위해 경쟁하고, 경쟁하여 얻은 재화를 소비함으로써 자신을 드러내고, 그로 인한 공허함을 다시 소비로 보상하는 소비의 본질 파악이 중요하다. "인식이 바뀌어야 세상이 바뀐다."는 말처럼 경쟁하지 않고, 아끼면서, 여유롭게 사는 삶[102]을 지향해야 한다.

99 "돌봄노동은 감정노동으로서, 상대의 감정을 무시하면 안 되는 노동이다. 한 노동자가 돌보는 사람의 수를 두 배, 세 배 늘리는 식으로 생산성을 올릴 수 없다. 이는 돌봄과 소통에 충분히 시간을 들여야 하기 때문이며, 무엇보다 돌봄노동을 받는 이들이 빠른 속도를 원하지 않는다."(사이토 고헤이 저, 김현영 역, 『지속 불가능 자본주의』, 다다서재, 2021) 이러한 특성 때문에 돌봄노동은 사회적으로 유용할 뿐 아니라 자원을 적게 쓰고 탄소를 조금 배출하므로 AI시대의 미래노동이라고 많은 학자들이 주목하고 있다.

100 에피쿠로스(Epicouros) 학파가 제시한 것으로, 지금도 광범위하게 받아들여지고 있는 행복 개념이다.

101 "소유욕과 평화는 서로 배척 관계에 있다." 독일의 정신 분석학자이자 사회학자 에리히 프롬의 말.

102 노자의 도덕경에서 말하는 이상사회는 감기식(甘其食, 먹는 것을 달게 해 주고), 미기복(美其服, 입는 것을 아름답게 해 주고), 안기거(安其居, 사는 것을 편안하게 해 주며), 낙기속

더불어 지금까지의 직선적인 발전을 상정하는 경제 모델을 버려야 한다. 사회적 기초인 물, 식량, 건강, 교육과 일자리, 평화와 정의, 정치적 발언권, 사회적 평등, 성평등, 각종 네트워크, 에너지, 주거 등을 인류에게 안전하고 공정한 범위 안에서 충족하는 경제 모델을 궁리해야 한다. 기후 변화, 생물 다양성 손실, 대기 오염, 담수 고갈, 토지 개간 등을 생태 한계 범위를 벗어나지 않도록 조절하는 경제 모델[103]을 성찰해야 한다. 나 자신이 살아남기 위해서라도 더 공정하고 지속 가능한 사회를 지향해야 한다. 그래야 최종적으로 인류 전체의 생존 확률이 올라간다.

소비와 흙건축

무분별한 난개발의 역사라고 해도 과언이 아닐 정도로 근대 이후 건축은 소비의 극대화를 추구해 왔다. 내가 살자고, 다른 생명의 터전을 일방적으로 빼앗았다. 건물을 늘리기 위해[104] 땅을 파내고 다른 생명의 터전을 앗아서 흙을 줄여 온 것이다. 지금은 흙을 줄여 온 역사에서 흙을 늘리는 역사로 문명사적 전환이 필요한 시기이다. 집(건축물)을 줄이고, 녹지(토대)를 늘려야 한다. 내가 살 터를 합리적으로 줄이고, 다른 생명의 터전을 돌려주는 것이 필요하며, 무분별한 난개발의 욕심을 줄여 생태적으로 공존하는 것이 필요한 시점이다.

(樂其俗, 풍속을 즐겁게 해 주는 것)이다.

103 케이트 레이워스 저, 홍기빈 역, 『도넛 경제학』, 학고재, 2018.

104 빌 게이츠 재단에 따르면 이산화탄소 배출량은 콘크리트와 플라스틱이 31퍼센트, 에너지가 27퍼센트이다.

지구를 파괴하면서 얻는, 안락한 삶의 방식은 그대로 놓아둔 채, 흙이 가지는 장점만을 취하려는 자세로 흙건축을 한다면, 그것은 환경이나 생태를 이용한 또 다른 환경 파괴이며, 자연 착취가 될 것이다. 흙건축은 우리 삶의 방식 변화를 요구하는 건축이며, 우리 삶의 방식이 바뀌어야 구현되는 건축이다.

흙건축은 가장 본질적인 재료인 흙을 사용하는 건축이다. 흙은 경쟁하지 않는다. 강자생존이 아니라 적자생존의 의미를 새기고, '어디 핀들 꽃이 아니랴'처럼 다양하게 조화롭게 사는 것을 추구한다. 또한 흙은 서두르지 않는다. 느리게, 차근차근 여유 있게 사는 것을 지향한다.

느림은 뒤처짐이 아니다. "느림은 인간이 수동적으로 갑자기 달려드는 시간에 얽매이지 않고, 시간에 쫓겨 다니지 않는 지혜와 능력이며, 우리로 하여금 불필요한 계획에 이리저리 정신을 빼앗기지 않고, 명예롭게 살 수 있도록 만들어 줄 것이다."[105]라는 내용에서 알 수 있듯이 느림은 시간의 존중이다. 흙은 다른 재료와 다르게 수십 억 년의 축적이 있는 재료이기 때문이다. 그리고 흙은 드러내지 않는다. 일부러 드러내지 않고, 자연스럽게 드러나게 한다. 겉멋 부리지 않고, 본질적이고 담백하게 하는 건축을 지향한다.

이러한 흙건축은 무의미한 소비를 줄이는 건축이며, 우리의 삶에서 소비의 의미를 되새기는 건축이다. 무제한적으로 자원을 쓸 수 있다는 오만이 아니라 자연과 타인에 겸손한 건축이다. 흙(humus)의 어원이 겸손(humility)한 인간(human)이다. 생텍쥐페리가 "완벽한 디자인

105 프랑스의 철학자인 피에르 쌍소Pierre Sansot의 말.

이란 그 이상 더할 것이 없을 때가 아니라, 더 이상 뺄 것이 없을 때 완성된다."라고 지적한 대로, 흙건축은 흙의 본질적 의미와 흙이라는 구체적 재료를 통해 건축의 본래 의의를 구현하는 것이다. "건축은 비바람을 막아 주는 데서 그치지 않고, 거기서 더 나아갈 때, 또한 세상에 대해 무엇인가 말하기 시작할 때, 건축은 중요해지기 시작한다."는 폴 골드버거Paul Goldberger의 말처럼 흙건축은 왜 건축을 하는가, 어떻게 건축을 해야 하는가, 누구를 위해 건축을 하는가, 어떤 세상을 만들기 위해 하는가, 누구에게 이익이 되는가 하는 질문을 끊임없이 하면서 과잉생산과 과다소비가 되지 않는 건축을 지향한다. 삶이 가장 중요한 가치이기 때문이다.

자본의 이익에 충실할 수밖에 없는 그간의 건축의 한계 때문에 소모된 자원의 낭비와 그에 따른 폐해를 시정하기 위해 무엇을 얼마나 더할 것인가가 아니라, 가장 최소한으로 가장 좋은 건축을 할 것인가를 생각하는 건축이 바로 흙건축이다. 그것이 가능한 것은 건축의 본질적 의미를 살피고, 건축에서 무엇이 중요하고, 무엇을 줄일 것인지를 생각하기에 가능하다. 흙이 가지는 재료의 솔직성과 본래적 가치를 추구하기에 가능한 것이다. 그것이 흙건축의 아름다움이다.

3

–

한옥 유전자와 생태 환경의 결합으로서, 디자인론

흙건축은 흙의 건축이라 했는데, 여기서 흙은 관계를 표상한다. 생명은 분리(二分)되면 죽고 연결(不二, 不離)되면 산다. 흙은 관계이고 생명의 본질이다. 흙건축은 관계의 건축이고 생명의 건축이다.

생물학에서 생명은 유전자와 환경의 상호작용에 의해 결정되는데, 이를 적용하면 생명건축은 한옥 유전자와 생태 환경의 결합으로 구현된다. 한옥 유전자는 원리로는 관계성, 재료로는 흙과 나무, 기능으로는 욱실양청(燠室凉廳, 겨울집+여름집), 계획 측면에서는 양용삼간(陽用三間, 작은 집)과 같이 있다. 또한 생태환경건축은 자연환경에 피해를 최소화Low impact하고 접촉을 최대화High contact하며, 삶의 질을 높이는 쾌적성Amenity을 지향한다.

한옥의 특징만을 고수하거나 외래의 신개념으로 생태환경건축적 특성만 추종하면 온전한 생명건축으로서의 특성을 구현할 수 없다. 따라서 이러한 한옥 유전자와 생태환경건축의 특성을 고찰하고 구현하여야 생명건축으로서의 흙건축을 디자인할 수 있을 것이다.

한옥 유전자

1) 한옥 유전자1—관계성: 차경借景

한옥의 기본 원리라고 한다면 단연 관계성일 것이다. 관계성이란 생명에 중요한 것들을 어떻게 연관 지을 것인지, 자연 속에 어떻게 조화롭게 살 것인지에 대한 깊은 성찰을 의미한다. 세계적인 원림으로 평가받는 소쇄원의 경우를 보더라도 건물을 세운다기보다 자연 속에 있어야 할 자리에 건물을 앉히고, 흐르는 물길과 조화를 추구하며, 내부와 외부의 구분을 넘어서는 등 관계성을 잘 보여 준다.

자연과 더불어 고졸하게 사는 삶을 노래한 면앙정 송순의 시조[106]를 보면, 우리 건축 공간의 특성이 잘 드러나 있고 차경借景은 이러한 관계성의 극치라고 볼 수 있다. 부석사 무량수전은 이러한 차경의 특징을 잘 보여 주는 대표적인 건축물이다.

2) 한옥 유전자2—재료: 흙과 나무

목조주택과 한옥의 차이점은 무엇일까? 목조주택은 나무로 짓지만 한옥은 흙과 나무로 짓는다. 기본적인 뼈대는 나무로 만들고 그 외 거의 모든 부분은 흙으로 만든다. 기초는 흙에 석회를 넣어서 다지고, 바닥은 흙으로 구들을 만들며, 벽은 흙을 바르고 지붕은 다시 흙으로 채운다. 이렇게 만들어진 한옥은 목조주택에 비해 오랜 수명과 좋은 기능을 발휘한다. 구조는 나무가 담당하고 기능은 흙이 담당

106 十年을 經營 ᄒᆞ여 草廬三間 지어 내니/ 나 ᄒᆞᆫ 간 ᄃᆞᆯ ᄒᆞᆫ 간에 淸風 ᄒᆞᆫ 간 맛져 두고/ 江山은 드릴 ᄃᆡ 업스니 둘너 두고 보리라. (십 년을 경영하여 초려 삼간 지어 내니/ 나 한 칸 달 한 칸에 청풍 한 칸 맡겨 두고/ 강산은 들일 데 없으니 둘러 두고 보리라.)

그림3. 차경과 자연과의 조화 - 담양 소쇄원(촬영_셀수스협동조합, 출처_ 한국저작권위원회)

그림4. 차경과 자연과의 조화 - 영주 부석사 무량수전에서 본 풍경(촬영_이상화, 출처_한국저작권위원회)

하는 복합적인 건축 형태이다. 이러한 원리는 뼈대를 나무로 세우고 벽은 흙으로 마감하는 형식이나, 3D 프린팅에서의 이중지붕 형식처럼 기후 위기 시대의 새로운 건축 양식에 대하여 중요한 실마리를 제공한다.

3) 한옥 유전자3—기능: 욱실양청

기능 측면에서 한옥을 살펴보면 욱실양청燠室凉廳으로 표현되는데, 한옥은 욱실燠室 기능의 북방식 주거(겨울집)와 양청凉廳 기능의 남방식 주거(여름집)가 합쳐진 세계적으로 독특한 주거 양식이다. 송순의 시조에도 여름철에 시원한 바람이 부는 공간과, 겨울철 맑은 달을 보는 따뜻한 아랫목이 있는 공간이 그려진다.

겨울집과 여름집의 조화는 흙과 나무의 조화이고, 무거운 것과 가벼운 것의 조화이다. 겨울에는 겨울집인 구들방을 중심으로 생활하고, 봄·여름·가을에는 여름집인 대청을 중심으로 생활하되 집 전체를 사용하는 방식이다. 이런 방식을 현재에 적용하여, 단열이 잘되고 난방이 되는 고가의 난방 공간(겨울집)과, 개방형이고 단순하게 지어서 저가인 비난방 공간(여름집)으로 나누어 생각하면, 짓는 비용과 유지비용이 모두 저감되는 집을 지을 수 있다. 겨울집은 흙(기둥+벽체)을 주재료로 하여 (신)구들이나 지열, 태양광을 이용한 난방과 패시브하우스 정도의 단열을 하되, 고가이므로 밀집된 최소한의 구성으로 한다. 반면 여름집은 나무를 주재료로 하여 난방이나 단열을 하지 않아 저가이므로 대청 개념을 활용한 여유 있는 구성을 한다. 관련 연구[107]에 따르면 30평을 짓는다고 할 때 여름집-겨울집 개념을 적용하여 각각 15평으로 한다면, 난방비는 절반으로 줄어들고, 시공 비용은 70퍼센트 선에서 해결될 수 있다고 한다.

4) 한옥 유전자4—양용삼간

햇볕 잘 드는 세 칸 집의 의미를 가진 양용삼간陽用三間은 우리 건축의 지향이었다. 탐관오리나 권력 모리배들은 백성의 고혈을 짜고 국가의 재정을 도둑질하여 크고 화려한 집을 짓는 반면 제대로 된 선비들은 작은 집을 짓는 것이 선비의 도리임을 알았다. 건축은 단순한 물리적 공간이 아니라 선비의 정신을 나타내는 상징이었다. 양용삼간으로 표상되는 우리 건축의 정신은 작은 집[108]을 지향했다. '불필요한 부분이 없는 건축이며 최소한이면서 모든 것이 갖추어진 건축'이라는 퇴계의 도산서당은 도산12곡을 통해 주변의 자연과 역사와 사람들의 일상사에까지 관계 맺고 무한한 크기로 확장된다. 세종의 경회루 동쪽 작은 집에서는 세계 문명의 큰 획을 그은 훈민정음 28자가 탄생한다. 송순의 면앙정은 우리 전통의 차경 개념으로 인해 건물은 작지만 공간은 무한하게 확장된다. 이처럼 세 칸짜리 건물이 작은 집에 머물지 않고 무한하게 확장될 수 있는 이유는 건축물에 철학과 세계관을 담았기 때문이다. 우리의 전통 건축에서는 집이 단순한 건축물이 아니라 자신의 생각과 이상을 담는 그릇이었다. 우리의 전통 건

107 박수정, 「한옥의 공간 구성 원리에 기반한 원가 절감형 흙집 프로토타입 제안」, 목포대학교 석사 학위 논문, 2015.

108 정지연, 「작은 집의 함의로 고찰한 흙건축의 가치」, 한국흙건축학교 전문가 학위 논문, 2015.

축을 통해 본 작은 집의 함의는 세 가지이다. 나: 삶의 지향(작은 집은 '나의 삶을 바꾸는 건축'), 타자他者: 자연과 환경 인식(작은 집은 '환경'과 '자연'을 인식하고 배려하는 것), 관계와 소통: 선순환의 철학(작은 집은 관계가 확장되고, 확장된 관계가 선순환 되는 데 도움이 되는 집)이다.

여기서 작은 집은 규모를 무조건 작게 하는 것이 아니라 자신의 삶의 방향성을 성찰하고 거기에 맞는 적절한 규모의 집을 의미한다.

5) 한옥 유전자5—길(채, 마당)

외국인들이 우리나라에 와서 신기하게 생각하는 것들이 있는데, 그 중의 하나가 PC방, 노래방, 빨래방 등등 간판 이름에 '방'이 많이 붙는다는 점이라고 한다. 이는 우리의 방 문화에 기인하는데, 한옥의 천장과 관련이 깊다. 천장天障은 하늘을 막는 것이다. 하늘이 내려다보고 있으므로 언제 어디서든 행동거지를 바르게 해야 하는데, 하늘이 가려진 방 안에서는 편하게 쉬고 자세도 여유롭게 할 수 있다. 시각적 차단[109]을 전제로 한 공간인 방에서는 활동이 자유롭다. 이처럼 한옥에는 프라이버시[110]를 강조할 필요가 없는 자연스러운 사적 공간 확보의 문화가 있다.

채와 길: 방은 안채, 사랑채 등 '채'로 표현되는데, 방을 이루는 채가 중요할 뿐만 아니라 이러한 채와 채 사이의 길이 아주 중요한 개념으로 자리 잡는다. 방으로 이루어진 작은 집인 '채'로 전체 집을 구

109 우리말의 '있다'는 눈을 의미하는 잍(目)에서 유래한다.

110 서방은 홀 문화로서, 시각적 차단이 없는 공간에서의 활동이 주를 이룬다. 또한 각 개개인의 행동에 대한 개입 여부를 결정해야 하므로 프라이버시를 강조하는 문화가 있다.

성하는 방식은 '채나눔'이라 하며, 채와 채 사이의 길을 마당[111]이라 한다. 우리 건축 문화에서 길은 통로path가 아니라 사람들이 오가며 활동을 하는 장field이다.

집과 길: 채와 채 사이의 길이라는 개념이 확장된 것이 집과 집 사이의 길이다. 이러한 길은 고샅길이라고 하는데, 단순한 통로가 아니라 돗자리를 펴고 쉬기도 하며 오가는 사람과 이야기를 나누기도 하는 등 마당의 성격을 간직하고 있다.

마을과 길: 채와 채 사이의 길이라는 개념이 좀 더 확장된 것이 마을과 길이다. 마을과 마을이 마치 포도송이 같이 길로 연결되면서 전란 피해를 최소화하고 안전한 생활이 보장된다. 그러다가 근대 일제[112]에 의해 들어온 공간 개념 중 신작로新作路[113]가 있다. 새로 만들어진 길이라는 뜻의 이 길은 전통적인 길이 아니라 그 위에 있으면 위험한

111 국제적으로 통용되는 건축 용어 중에 우리말로 표시되는 게 단 두 개가 있는데, Madang(마당)과 Ondol(온돌)이다. 마당은 정원garden이나 중정courtyard, 뒷마당backyard과는 다른 우리 건축의 중요한 개념이다.

112 힘과 무력으로 질서를 잡는 시대에 문(文, 논리와 이성)으로써 질서를 잡고자 했던 것이 문명의 역사이다. 공자의 공헌은 인류 최초로 예禮를 수단으로 이를 실현하려 했다는 데 있다. 동아시아에서 중국과 한국은 이런 방향으로 문명을 발전시켜 와서 논리와 명분이 중시되는 문화를 이루었다. 일본은 무력을 기반으로 한 사무라이 문화가 지배하고 있는 상태로 근대 들어서 산업 발전을 이룩한 서구를 받아들였다. 모든 것이 힘에 의한 승부와 이에 굴복하는 문화가 주를 이루게 되었다. 일본은 예를 모르므로 예를 취하면 무시하기 때문에 일본에게는 예를 차리지 말라고 박경리 선생은 일갈했다(박경리, 『일본산고』, 다산책방, 2023). 이런 상태로 높은 문화수준의 조선을 점령하여 여러 문화 열등감에 기인한 통치를 했다. 이후 '조선에 경쟁이라는 씨앗을 심어 놓고 가기 때문에 조선은 일어설 수 없다.'는 말을 남기며 일본은 돌아갔다.

113 신작로라는 말 자체는 정조의 수원행궁 행차시 처음 사용되었다.

길이고, 이 길을 따라가면 포도송이처럼 연결된 마을이 아니라 격자형의 '이상한 마을 배치'가 이루어지게 된다.

이러한 우리 전통 건축은 채와 길의 관점에서 해석될 수 있다. 채에 기반한 채나눔의 현대적 버전이라 할 수 있는 것으로 코하우징Co-housing이 있다.

코하우징은 상시적으로 필요한 공간과 부가적인 공간을 분리하여 공간의 효율성을 높이는 방식이다. 예를 들어 열 가구가 모여서 각 가구당 30평씩의 집을 짓는다고 하면, 열 채에 총 300평의 면적이 지어지게 된다. 그런데 집을 지을 때, 우리는 우리가 상시적으로 사용하는 공간 이외에, 손님이 온다던가 아니면 어쩌다 한 번 있는 넓은 면적이 필요한 상황을 고려하여 크게 짓게 된다. 일 년에 몇 번 있는 경우를 대비해서 짓는 것은 낭비 같기도 하지만, 만들지 않을 수도 없고, 하여간 난감하다. 이럴 때 공간을 일상적으로 꼭 필요한 공간과 추가적인 공간으로 나누어 생각해 보면 일은 간단히 풀릴 수도 있다. 꼭 필요한 일상 공간이 20평이라면, 각각 20평을 짓고, 나머지 추가 공간은 열 가구가 공유하는 공간 30평을 별도로 공동으로 짓는다. 이 공간은 공동 손님방이라든가 공동 식당, 계절 용품 보관 등 가끔씩 있는 여럿이서 필요한 공간으로 쓴다. 이럴 경우, 각각의 가구는 자기 집 20평과 공동 공간 중 3평을 합친 23(20+3)평에 해당하는 비용이 들고, 누리는 공간은 상시 공간인 자기 집 20평과 추가 공간인 공동 공간 30평을 합하여 50평을 누리게 된다. 짓는 비용과 유지 비용이 모두 적어지고, 전체적으로는 11(10+1)채에 총 230(200+30)평이 지어지게 되어 지구 환경에도 좋은 단지가 만들어지는 효과가 있다. 자기만의 공간을 가지고 자기 생활을 하면서도, 공유하는 공간을 가져서 더불어 같이 사는 것의 장점을 살리는 방법이다.

이러한 코하우징 개념은 두 가구 이상의 집짓기에 적용될 수 있으며, 혼자서 집을 짓는 경우에도 적용 가능한데, 상시 공간과 추가 공간을 분리하여 지으면 난방 등 유지 관리 비용이 줄어든다. 코하우징은 내 공간 분석과 내 생활 방식의 성찰이 우선되어야 가능하다.[114]

또한 우리 전통건축에는 길의 관점을 현대적으로 적용한 이중지붕double roof[115] 개념이 있다. 이중지붕은 건물과 별도로 존재하는 지붕으로 각기 작은 건물을 한 공간으로 엮어 준다. 많은 건축가들에 의해 다양하게 활용되고 있는데, 그 본래적 개념은 각 건물 사이에 내부적 길을 만드는 것으로 해석할 수 있다. 그림5는 목포대학교 건축학과와 사회복지학과 학생들과 한국흙건축학교 전문가들이 해외 자원 활동으로 필리핀에서 만든 이중지붕의 모습이다.

생태환경건축

생태건축은 1970년대 오일쇼크 이후 등장한 생태 담론의 건축적 사유의 결과이다. 인간을 자연[116]의 일부로 인식하고, 건축을 인공 생태계로 인식하며, 순환을 중요한 가치로 인식한다. 친환경건축은 생

114 유럽이 최신 설계 기술이라고 자랑하는 이러한 코하우징은 채나눔과 깊은 연관이 있는데, 우리 건축가들에 의해 구현되었으면 더 좋았겠다는 아쉬움이 있다.

115 이중지붕은 뜬지붕floating roof이라고도 하며, 다양한 지역에서 다양하게 활용되고 있다.

116 자연nature은 라틴어 natura에서 유래했는데, 태어난다는 뜻을 가지고 있다. 태어나다의 뜻으로부터 타고난 본성, 생겨나다, 기원하다의 뜻이 확장되었다(로르 누알라 저, 곽성혜 역, 『지구 걱정에 잠 못 드는 이들에게』, 해엄, 2023). 동양고전에서는 스스로 그러하다는 뜻으로 쓰였으며, 생성 변화의 의미를 가지는데 이와 상통한다. 우리말의 '자연스럽다'의 의미에 가깝다. 명사적인 '자연'은 일본이 행한 대표적 오역이다.

어린이집 양 옆으로 간이 화장실과 부모 대기소 천막이 설치되어 있다.

이중지붕으로 정리하여 화장실과 어린이집 대기소가 길로 연결되었다.

그림5. 이중지붕으로 정리된 흙집 데이케어센터(필리핀 불라칸 파르티잔)

태건축의 경직성을 탈피하고 좀 더 다양한 재료와 기술을 사용해 보려는 의도에서 시작되었다. 그러나 자연을 인간의 둘레로 인식하고, 인간 중심주의 사고를 가지는 한계가 있으며, 그린워시green wash의 위험성이 있다. 생태건축과 친환경건축은 철학적 배경은 다르지만 지구 환경을 지켜 내려는 노력의 일환이라는 점에서 가치가 있어서 여기서는 생태환경건축이라고 표현한다.

생태환경건축은 자연환경에 주는 피해를 최소화Low Impact하고, 자연환경과의 접촉을 최대화High Contact하며, 숨 쉴 수 있는 집과 걸을 수 있는 도시로 삶의 질을 높이는 쾌적성Amenity이 좋은 건축과 좋은 도시를 만드는 기본이라고 할 수 있다.

1) 자연환경에 주는 피해를 최소화(Low Impact)

생태환경건축은 자연환경에 가해지는 폐해[117]를 최소화시킨다. 건

117 인간이 지구에게 미치는 해로운 영향을 뜻하는 개념이 있다. '탄소 발자국carbon footprint'이 그 중 하나인데, 탄소 발자국은 개인 또는 단체가 직간접적으로 발생시키는 온실가스의 총량을 의미한다. 여기에는 이들이 일상생활에서 사용하는 연료, 전기, 용품 등이 모두 포함된다.

생태 발자국eco footprint은 인간이 지구에서 삶을 영위하는 데 필요한 의식주 등을 제공하기 위한 자원의 생산과 폐기에 드는 비용을 토지로 환산한 지수를 말한다. 인간이 자연에 남긴 영향을 발자국으로 표현했다. 생태 발자국은 1996년 캐나다 경제학자 마티스 웨커네이걸과 윌리엄 리스가 개발한 개념이다. 지구가 기본적으로 감당해 낼 수 있는 면적 기준은 1인당 1.8헥타르이고 면적이 넓을수록 환경 문제가 심각하다는 의미가 된다. 선진국으로 갈수록 이 면적이 넓게 나타났으며, 선진국에 살고 있는 사람들 가운데 20퍼센트가 세계 자원의 86퍼센트를 소비하고 있다. 대한민국은 1995년을 기준으로 이 기준점을 넘기 시작했고, 2005년에는 3.0헥타르에 이르렀다. 생태 발자국을 줄이기 위해서는 가지고 있는 자원의 낭비를 최대한 줄이고, 대체 에너지를 개발하여 환경오염의 가속화와 자원의 고갈을 막아야 한다. 녹색연합이 2004년에 조사한 바에 따르면 한국인이 지금의 방식대로 생활한다면 지구가 2.26개 있어야 한다.(위키백과)

물 형태나 구체 결정(자연채광/통풍 등 순환형 건물, 원에너지 저소비 소재 사용), 에너지 저감(태양열 이용, 고효율 냉난방, 고단열, 폐열회수, 미이용 에너지 활용 등), 자원 절약과 재활용(자연 소재 재생/재활용 소재 이용, 고내구성 재료 사용, 우수/생활하수 순환 활용, 유기폐기물 처리/자연 발효 화장실 등) 등 여러 관점에서 자연환경에 피해를 최소화하는 방안을 찾아야 한다.

생태환경건축은 건축이 자연환경을 파괴하고 공격하는 게 아니라 자연환경 속에서 조화롭게 결합된다. 자원이나 에너지를 생태적 관점에서 효율적으로 이용할 수 있도록 집의 구조나 설비 등을 고안하고, 자연에너지나 미이용에너지를 이용한다. 또한 자연 소재나 재활용 소재를 이용하며, 폐기물이 생기지 않는 재료나 공법을 선택한다. 어떤 것을 만들 때 에너지가 적게 들거나, 발생하는 오염 물질이 적도록 하여 자연에 충격을 적게 주고, 자연의 피해를 최소화하고자 하는 것이다. 또한 공기가, 물이, 재료가 순환해야 한다. 공기가 건물에서 자연으로 자연에서 건물로 순환해야 하며, 물이 대기에서 건물로 외부로 지하로 다시 대기로 순환해야 한다. 특히 재료는 모두 자연으로 돌려보내야 한다. 자연은 자연에서 나고 자라서 돌아가는 구조인데 건축 재료의 대부분이 자연에서 오지만 자연으로 돌아가지 못하고 구천을 떠돈다. 자연으로 돌아가지 못하는 게 바로 공해이다.

2) 자연환경과의 접촉을 최대화(High Contact)

친환경 외부 공간 조성[118]이나 토지 이용과 배치[119] 등에서 인간이

118 친수 공간 조성 및 생태적 식재, 우수의 침투 유도 등 순환형 외부 공간 조성, 자연 토양의 보전 및 인공 지반의 조성, 건물 외피의 녹화 및 녹지 공간의 최대화, 건물 내외의 연계성 증대.

119 기후 지형을 고려한 환경친화적 배치, 지역성을 고려한 배치.

조금이라도 더 자연환경과 가깝게 접할 수 있도록 건물이 매개하여 자연환경과의 접촉을 최대화하여야 한다. 이러한 영향으로 최근에는 바이오필릭 디자인Biophilic Design이 주목받고 있다. 이는 생명체Bio에 대한 사랑Philia을 뜻하는 바이오필리아Biopholia에서 확장되었다. 바이오필릭 디자인은 자연의 요소를 건축이나 인테리어 요소로 적용시킨다. 자연과 어우러지는 디자인을 추구하고, 자연과의 교감에 대한 인간의 본능적 요구를 반영하고자 하는 디자인 경향이다. 바이오필릭 디자인을 구현하는 요소로는 자연 채광과 조명, 소리, 바람, 색상, 향기, 천연 재료로 만든 가구와 인테리어 소품 등이 있다.

3) 삶의 질을 높이는 쾌적성(Amenity)

사는 것, 삶, 생명을 다른 말로는 목숨이라고도 하는데, 이는 숨의 중요성을 나타낸다. 숨이 막힐 것 같다거나 숨죽이며 산다 같은 표현과, 숨통이 트인다거나 살 것 같다는 표현을 생각해 보면 좋은 집과 도시의 조건은 생명 활동을 보장하는 것, 즉 내가 숨을 쉴 수 있고 숨쉬며 다닐 수 있는 것이라고 할 수 있다. '숨 쉴 수 있는 집', '걸을 수 있는 도시'가 좋은 건축과 도시의 중요한 요건이라고 할 수 있다.

숨 쉴 수 있는 집은 호흡(실내 공기 질, 재료, 외부 공기, 집의 위치 등), 시각(트인 시야, 창 크기, 배치, 외부 정원, 외부 환경 등), 체감(단열, 구들, 집의 배치 등) 등 여러 관점에서 살펴볼 수 있다. 건축이 상업적 목적을 충족시키도록, 보기에만 좋도록 지어지는 것이 아니라, 사람이 그 안에서 생활할 때 건강과 생활의 쾌적성을 높여야 한다. '건물 따로 사람 따로'가 아니라 사람도 자연의 일부요, 건물도 자연의 일부라는 의식 아래 자연을 최대한 반영하도록 주거 환경을 디자인하고, 안전하고 건강하며, 쾌적

표2. 생태환경건축의 지향

상징		지향 및 활동
☯	태극太極	관계, 순환, 지속 가능성
☰	건乾 하늘	햇빛, 바람, 실내 공기 ……
☷	곤坤 땅	흙의 사용(시멘트 억제), 녹지 확대 ……
☵	감離 불	단열, 에너지 효율, 구들 ……
☲	리坎 물	내부 습도, 외부 빗물 순환 ……

한 실내 환경을 실현해야 한다. 또한 건물을 매개로 하여 인간과 인간의 소통을 확대하는 것이 필요하다. 공동 경작지, 공동 작업장 등 공동 공간을 확보하여 사람들 간의 접촉을 늘리고 건물의 배치나 구조를 통하여 이웃과의 소통을 원활히 하도록 한다.

걸을 수 있는 도시는 호흡(공기 질, 차량 저감, 교통 노선 등), 시각(녹지 조성, 다양한 볼거리 등), 체감(도시 규모, 소비 행태 등) 등으로 살펴볼 수 있다. 건축이나 도시적 접근을 통해, 도시계획이나 구조를 바꾸는 일뿐만 아니라, 정책적인 측면에서의 접근을 해야 하며, 지속 가능한 정책을 입안하도록 하는 활동과 그러한 정치 세력이 집권할 수 있는 활동도 병행해야 한다. 이러한 생태환경건축의 지향과 활동을 태극기의 원리로 정리하면 위 그림과 같다.

"무엇이 중헌디!" 영화 <곡성>의 유명한 대사이다. 건축에서도 이러한 근원적 질문을 해야 하는 시대이다. 흙, 바람, 햇빛, 어머니, 사람들 ……. 생명에 중요한 것들이 중요한 의미를 갖는 인식의 전환이 필요한 건축이 흙건축이요, 그런 건축이기에 흙건축은 생명건축이다. 흔한 것이 귀한 것이다.

식민지와 전쟁, 산업화를 거치면서, 생존과 돈벌이에 한정하던 건축에 대한 인식을 바꿔야 한다. 주어진 공간에 적응하기만 해야 해서 공간(인식)의 기회를 상실해 온 아파트 때문에 잃어버린 것들을 어떻게 느끼고 어떻게 인지하게 하는지를 묻는 건축적 질문을 하고 그 답을 찾는 디자인이 필요하다. 또한 창의적 공간 인식이 필요하며 나를 살리는 공간 만들기(자기주도 공간[120]/공간 주권)가 필요하다. "사람은 지음으로써 어떻게 거주해야 하는지 배운다."라는 하이데거의 말처럼 무엇을 지을까, 어떤 공간을 느낄까, 어떻게 살까라는 건축 본래의 의미를 살려야 한다. 우리 문명을 기후 위기로 몰고 가는 근대를 넘어서야 한다. "상상하는 만큼만 이루어진다."는 말처럼 체험하고 참여하고 상상하면서 성장하는 건축이 필요하다.

이러한 것은 산업혁명에 따른 과밀 공간의 필요를 해결하려 한, 효

120 건축 3주체(설계자, 시공자, 건축주) 중 하나로서의 의무와 권리에 관한 것이며, 설계와 시공을 자기가 모두 한다는 의미보다 주도적으로 참여한다는 의미가 강하다. 설계와 시공에 필요한 전문적인 지식은 전문가에게 맡기는데, 자가건축, 자기주도건축, 참여건축 등 여러 이름으로 불린다. 흙건축에서 자가건축이 가능한 것은 오랜 건축의 경험이 우리의 기억 속에 저장되어 있고, 재료 조달에서 시공까지 직접 할 수 있는 기회가 있고, 또한 여러 사람의 참여가 가능하기 때문이다.

율적인 집약 공간의 근대건축 개념인 '어떻게 더할까', '어떻게 채울까', '어떻게 차지할까'를 넘어서야 한다. "문제를 일으킨 방식으로는 문제를 해결할 수 없다. 어제와 똑같이 살면서 다른 미래를 기대하는 것은 정신병 초기이다. 초라한 옷차림과 엉터리 가구들을 부끄럽게 여기지만 그보다는 초라한 생각과 엉터리 철학을 부끄럽게 여겨야 한다."라고 아인슈타인은 말한다. '어떻게 뺄 것인가', '어떻게 비울 것인가', '어떻게 내어 줄 것인가'로 생각의 전환이 가능할 때 새로운 디자인이 나온다. 생각을 바꾸는 디자인이 근대건축에서 생명건축으로 전환을 가능하게 할 것이다. 그렇게 새로운 생각의 전환을 가져오는 것이 흙건축 디자인이다.

3장

/

흙이란 무엇인가

1

–

흙, 암반, 점토, 점토광물의 구분

흙은 '암석의 붕괴나 유기물 분해 등에 의해 생성된 미고결 풍화산물인, 크기가 서로 다른 입자들의 집합체이며, 지각의 표층부를 구성하고 있는 물질 중에서 견고한 암석을 제외한 물질에 대해서 붙여진 명칭'으로 정의할 수 있다. 종종 흙은 점토와 혼용되기도 하는데, 점토와 흙은 확실하게 구분된다. 물론 점토는 흙의 주요한 구성 물질일 뿐만 아니라 수분 등의 흡착모제로서 매우 중요한 역할을 한다. 그러나 흙은 반드시 점토로만 구성되지는 않고 자갈, 모래, 실트, 또는 점토의 집합체로 이루어진다는 점에서 분명히 구분된다.

또한, 흙이라는 재료가 강철이나 콘크리트와 근본적으로 구별되는 것은 흙이라는 재료가 비연속체Discrete material라는 사실이다. 즉, 흙 입자 그 자체는 각각의 입자 하나가 고체이지만 고열이나 큰 압력에 의한 물리적 결합이 이루어진다. 화학 반응에 의한 화학적 결합이 아니기 때문에 각각의 입자는 강하게 부착되어 있지 않다. 따라서 흙 입자는 외력에 의해 쉽게 분리될 수 있으므로 입자 상호 간에 위치 변화가 쉽게 일어난다. 이러한 관점에서 본다면 흙은 암반과 구별된다. 광물 입자들이 쉽게 분리될 수 있는 반면, 암반은 영속적인 결합력에 의해 강하게 부착되어 있다. 비연속체 재료인 흙은 흙 입자 사이에 압축성이 큰 공기와 비압축성의 물이 존재한다. 흙은 이러한 물질들의 상호작용 때문에 하나의 균질한 물질로 되어 있지 않다. 그래서 흙에 하중을 가하면 힘의 전달이나 변위가 단순하지 않은 특성이 있다.

흙의 대표 격인 점토광물clay minerals은 주로 토양 생성 과정에서 재합성된 2차 광물이며, 합성될 때의 환경 조건에 따라 여러 종류의 물질로 이루어진다. 점토광물은 입경이 작은 소립자이므로 활성 표면적이 매우 크며, 점토광물의 함량이 결국 토성을 지배하는 기본이 된다. 또한, 점토광물은 비료 성분의 흡착·방출·고정·배도·토양 반응·통수성 등 물리화학적 성질을 결정하는 데 가장 큰 영향을 끼친다.

점토는 일상용어로 흔히 사용될 뿐만 아니라 지질학, 토목공학과 토양학 분야에서도 흔히 쓰는 학술용어이다. 그러나 이 세 분야에서 사용되는 점토의 개념과 정의는 조금씩 다르다. 지질학에서 점토의 정의는 0.004㎜(1/256㎜) 이하의 입도를 갖는 암석과 광물의 파편 또는 쇄설성 입자이다. 그러나 1995년 AIPEA(The Association Internationale pour l'Etude des Argiles)와 CMS(Clay Mineral Society)에서 공동으로 설립한 명명위원회(Guggenheim과 Martin, 1995)에서는 점토를 '물을 적당량 함유할 때 가소성을 갖는, 주로 세립의 광물로 구성된 자연산 물질로서 건조 또는 소성시 단단하게 굳어지는 물질'로 정의했다. 토목공학에서는 점토를 고성의 암석과 구분하여 입자의 크기로 정의하는데, 그 분류 기준에 따라 서로 다르다. ASTM(1985)은 0.075㎜ 이하를, AASHTO(American Association of State Highway and Transportation Officials) 기준에 의하면 0.005㎜

이하의 크기를 갖는 입자로 구성된 가소성을 갖는 물질로 정의하며, 구성 물질의 종류는 이 구분과는 관계가 없다. 토양학에서는 국제토양학회(International Society of Soil Science; ISSS)의 규정에 따라 0.002㎜ 이하의 입도를 갖는 암석이나 광물의 입자로 칭한다(Steinhardt, 1983).

이처럼 학문 분야 간에 비록 적용하는 입자의 크기는 서로 조금씩 차이가 있지만 그 기준은 구성 물질이 아닌 입자의 크기이다. 점토광물은 점토와는 뚜렷이 구분되는 용어로, 점토는 구성 물질의 종류에 관계없이 오로지 입자의 크기만을 고려하는 데 반해, 점토광물은 광물의 결정 구조에 바탕을 둔 분류의 개념이며 정의이다. 명명위원회에서는 점토광물을 '층상규산염광물과 점토 중 가소성을 가지며 건조 및 소성 시에 굳어지는 광물'로 새롭게 정의했다.

2

–

암석이 풍화하여 흙이 된다

흙의 고체 부분을 형성하는 광물 입자들은 암석 풍화의 산물이다. 흙의 물리적 특성은 주로 흙 입자를 구성하는 광물들에 의해 좌우되고, 따라서 흙은 암석에 기원을 둔다. 암석은 형성 과정에 따라 화성암, 퇴적암, 변성암 세 가지로 나눌 수 있다. 화산활동에 의해 지구 내부의 마그마가 지각의 약선을 따라 외부로 분출되어 그대로 냉각, 고결하여 화성암이 되고, 이 암석은 다음 쪽 표3과 같이 오랜 기간 동안 열, 대기, 물, 생물 등의 물리적, 화학적 풍화작용에 의해 자갈, 모래, 실트, 점토 등의 조각들로 되는데 이와 같은 작용을 풍화작용 weathering이라고 한다.

풍화작용에 의해 형성된 자갈, 모래, 실트, 점토는 퇴적된 후 상재하중에 의해 다져지고 산화철, 방해석, 백운석, 석영과 같은 매체에 의해 고결된다. 고결제는 일반적으로 지하수에 융해되어 이동하고 그것들은 입자 사이의 간극을 채워서 마침내 퇴적암을 형성한다. 퇴적암은 침전물을 형성하기 위해 풍화되거나 변성작용을 받아 변성암으로 될 수 있다. 변성작용은 암석이 용융되지 않고 열이나 압력에

표3. 흙의 풍화

물리적 풍화	화학적 풍화
연속적인 온도의 변화로 암석이 팽창과 수축을 되풀이하면서 균열이 생기고 붕괴되는 현상이다. ① 온도 변화에 의한 파쇄작용 ② 유수, 파랑, 강우, 결빙 등 물의 작용에 의한 침식 및 파쇄작용 ③ 바람에 의한 침식작용 ④ 빙하에 의한 침식작용	암석광물이 화학적 작용에 의해 다른 광물로 변화하는 현상이다. ① 대기 중 산소의 작용에 의한 산화 및 환원작용 ② 용해, 수화, 가수분해 등의 물에 의한 분해작용 ③ 탄산 및 염류에 의한 용해작용 ④ 부식된 유기 물질에서 형성된 유기산이 일으키는 화학적 풍화작용

의해 암석의 구성과 조직이 변화하는 과정이다. 변성 작용 중에 새로운 광물이 형성되고 광물 입자들이 전단되어 변성암에 엽리 구조를 나타내기도 한다. 그리고 대단히 높은 열과 압력에 의해 변성암은 녹아서 다시 마그마가 되고 암석은 반복적으로 순환하게 된다.

일반적으로 흙은 암석의 풍화작용에 의해 형성된다. 풍화작용은 물리적 작용과 화학적 작용에 의해 암석들이 작은 조각으로 부서지는 과정이다. 물리적 풍화작용은 연속적인 열의 증가와 소실에 따라 암석의 팽창과 수축이 발생되고 끝내 분해되는 과정을 말한다. 때때로 물이 간극 속이나 암석 내부에 있는 균열 사이로 침투된다. 온도가 하강함에 따라 물은 얼면서 체적은 팽창한다. 체적 팽창 때문에

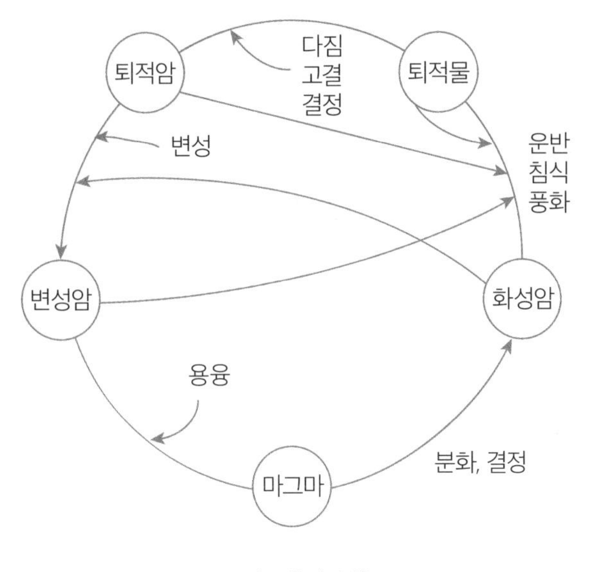

그림6. 흙의 순환

얼음에 의해 가해지는 압력은 큰 암석들까지도 쪼갤 수 있을 만큼 크다. 암반을 붕괴하는 데 도움을 주는 다른 물리적 요인들은 빙하, 바람, 시냇물과 강물, 그리고 바다의 파도가 있다. 물리적 풍화작용 시 알아야 할 중요한 사실은 큰 암석이 부서져 작은 조각으로 부스러질 때에 화학적 성분에는 변화가 없다는 점이다. 화학적 풍화작용에서는 원래의 암석 광물들이 화학적 작용에 의해 새로운 광물들로 변화된다. 물과 대기 중의 이산화탄소는 탄산을 생성하여 기존의 암석 광물들과 작용하여 새로운 광물들과 용해성 염을 형성한다. 빗물은 암석 중의 광물과 작용하여 용해, 산화, 탄산화, 가수분해, 수화, 이온교환, 킬레이션(chelation, 생물의 분비하는 산이나 생물의 부패시의 산과 이산화탄소가 암석을 용해 또는 파괴하는 작용)을 일으켜서 암석을 파괴시켜 버린다. 지하수에 있는 용해성 염과 부패된 유기물에서 형성된 유기산은 화학적 풍화작용을 유발시킨다.

앞서 간단한 설명과 같이 암석의 풍화는 암석덩어리를 큰 호박돌에서 매우 작은 점토 입자들로 나열할 수 있는 여러 크기의 작은 파편으로 변화시킬 수 있다. 이들 작은 입자들은 구성 비율에 따라 여러 가지 형태의 흙이 형성된다. 그리고 풍화 생성물은 제자리에 있거나 빙하, 물, 바람, 그리고 중력에 의해 다른 장소로 이동하기도 한다. 풍화작용에 의해 형성된 흙이 원래의 자리에 그대로 남아 있는 흙을 잔류토Residualsoils라 부른다. 잔류토의 중요한 특징은 흙 입자 크기의 분포이다. 지표면에는 세립토가 분포하며, 토층의 심도가 깊어짐에 따라 흙 입자의 크기는 커진다. 또한 더 깊은 심도에서 모난 암석 파편들이 발견될 수도 있다.

3

–

흙의 3상: 흙 입자와 유기물, 수분, 공기

흙의 구성

흙은 고상, 액상, 기상의 3상으로 되어 있는데, 고상은 무기물과 유기물로 되어 있고, 액상은 흙이 함유하고 있는 물이며, 기상은 흙의 공극이다. 흙의 3상이 차지하는 분량은 흙에 따라 일정하지 않을 뿐만 아니라 기상 조건의 변화에 따라 액상과 기상의 상대적 비율이 크게 달라진다. 자연의 흙은 여러 가지 크기의 광물 입자(토립자)가 집합하여 골조를 만들고, 그 공극에 물과 가스(공기)를 포함하고 있다. 흙의 상태를 정량적으로 나타내기 위해 토립자, 물, 공기의 각각을 모아 흙(흙덩어리)을 모델로 보아 모식적으로 나타내면 다음 쪽의 그림7과 같다. 상 구성 중에서 토립자 사이의 극간을 공극이라고 한다. 공극이 물로 채워져 공기가 존재하지 않을 경우, 흙은 물로 포화되어 있다고 하고 그와 같은 상태의 흙을 포화토라 한다. 또, 공극 중에 물이 전혀 없는 경우 흙은 절대 건조 상태에 있게 된다. 실험에서는 105~110℃에서 건조된 것은 건조 상태에 있다고 말한다. 자연 상태

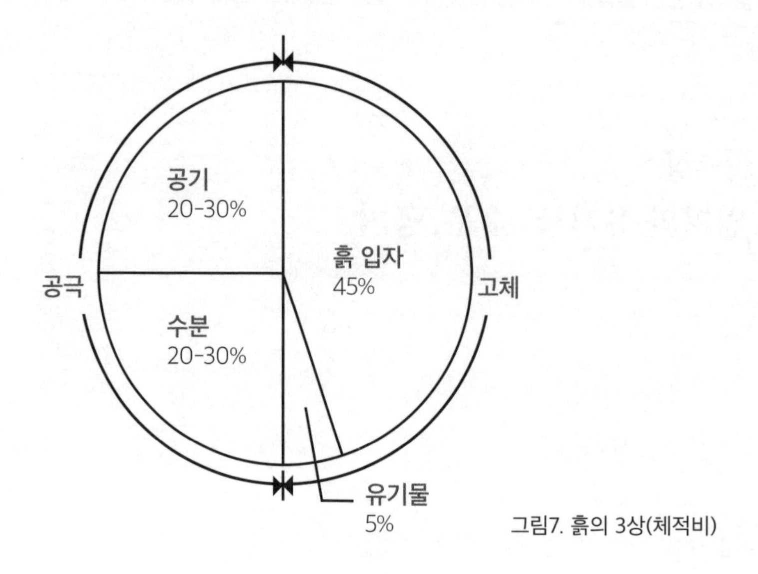

그림7. 흙의 3상(체적비)

의 흙은 대부분 공극 중의 물과 공기를 함유하고 있다. 이러한 상태의 흙을 불포화토라고 부른다.

점토광물은 수산화알루미늄규산염으로서 층상규산염광물에 해당된다. 이들의 구성 성분은 규산염광물에서 흔히 나타나는 SiO_2, FeO, MgO, CaO, Na_2O, K_2O를 함유하는데, 광물의 종류에 따라 함량의 차이가 난다. 이들은 함수광물로서 예외 없이 다량의 물을 함유하고 있다. 점토광물은 물리-화학적으로 다양한 성질을 갖지만 층상의 분자구조 때문에 대부분은 공통적으로 판상의 정상晶狀을 갖고 있으며, 대부분의 광물들이 완벽한 경계면을 지니는 특징을 갖고 있다. 이러한 특성은 점토광물이 갖는 결정 구조적 특성에 기인한다.

AIPEA에서 명명한 용어의 정의(Bailey, 1980b)를 살펴보면, 면plane은 원자들의 2차원적 배열이고, 판sheet은 이러한 면들이 결합한 것으로서 다면체, 즉 사면체, 팔면체 등의 평면 배열을 말한다. 층layer은 판들의 집합으로서 사면체판과 팔면체판이 결합되는 수에 따라 1:1 또는 2:1로 결합한 단위이다. 그러므로 그 규모는 면<판<층의 순서가 된다. 모든 층상규산염광물은 두 개의 기본 구조 단위, 즉 Si-O로 결합된 사면체와 Al-O의 결합으로 된 팔면체이다. 사면체는 Si(또는 Al)가 네 개의 O에 의해 배위되는 구조를 갖고 있으며, 사면체 세 개의 모서리가 2차원적으로 연결된 육각환형을 이루어 평면으로 결합되어 사면체판을 이룬다. 팔면체는 Al^{3+}, Mg^{2+}, Fe^{2+} 또는 Fe^{3+} 등의 양이온을 여섯 개의 O 또는 (OH)가 팔면체 배위를 한 형태이다. 이들 팔면체가 2차원적으로 이를 공유하여 팔면체판을 형성한다.

팔면체판의 음이온면은 음이온의 최밀 충전에 의해 음이온 간의 결합 길이는 2.94Å의 삼각형으로 배열된다. 사면체판에서 정점산소의 위치는 팔면체판의 음이온 위치와 같게 되는데, 이것은 사면체판과 팔면체판에서의 O-O 또는 OH-OH의 결합 길이가 거의 같기 때문이다. 그러므로 사면체의 정점산소는 팔면체판의 음이온면을 이루는 수산화이온 세 개 가운데 두 개를 치환하여 이를 팔면체판과 사면체판이 공유함으로써 결합된다. 이렇게 각기 하나의 사면체판과 팔면체판이 결합된 구조를 1:1층형이라고 한다. 팔면체를 구성하는 수산화이온의 3분의 1은 치환되지 않고 사면체판의 이상적인 육각형 배열에서 육각환형의 중심에 놓이게 된다.

점토광물은 격자 구조 내에서 원자가가 큰 원자를 원자가가 작은 원자가 치환(동형치환)하면서 전체적으로 부전하를 띠게 된다. 이러한 부전하는 미세한 점토광물의 표면에 균질하게 또는 불균질하게 분포된다. 점토광물의 표면은 1:1형은 한쪽 면이 저면산소면으로 되어 있고, 다른 한쪽 면은 수산기로 구성되어 있다. 2:1형은 두 쪽이 모두 저면산소면으로 이루어져 있다. 결정 입자의 끝부분은 깨진 면이기 때문에 결합을 만족시키지 않은 산소나 양이온이 노출되어 있다. 흔히 이렇게 원자가를 만족시키지 않은 산소는 용액 중의 H^+이온과 쉽게 결합하여 수산기를 형성하고 층간에 존재하는 부전하를 보상하는 양이온들이 수화작용을 일으킨다. 이처럼 점토광물은 일반적으로 물에 대하여 높은 친화성을 보인다. 점토광물은 이들이 갖고 있는 표면전하 때문에 양이온과 음이온을 흡착하거나 교환 가능한 상태로 유지하는 성질을 가지고 있다. 즉, 점토광물들의 층간 또는 표면에 존재하는 이온들은 수용액에 함유되어 있는 다른 이온들에 의해서 양이온이나 음이온으로 교환될 수 있다.

흙의 분류

흙의 분류법soil classification system은 성질이 비슷한 여러 가지 흙에 대하여 특성에 따라 여러 군으로 분류, 배열한 방법이다. 분류법은 무한히 변화되는 일반적인 흙의 특성을 상세한 설명 없이 간단히 표현하는 일반적인 용어를 제공한다. 공학적 목적을 위해 개발된 대부분의 흙 분류법은 입도 분포나 소성지수와 같은 단순한 지수에 근거를 두고 있다. 현재 여러 가지 분류법이 사용되고 있지만, 흙 성질의 다양성 때문에 어떠한 분류법도 모든 흙을 명확히 정의하지 못하고 있다. 또한 흙은 학문 분야에 따라 보는 시각이 다르며 그 표현이 갖는 의미나 범위가 다소 다르다. 흙의 입도를 조사하는 목적은 흙을 분류하고, 흙의 여러 성질을 추정하여 건축 재료로써 적부를 판단하기 위함이다. 흙을 구성하는 흙 입자 크기의 범위는 광범위하며 흙

표4. 흙의 입도별 분류

흙의 종류	내 용
큰자갈	큰자갈의 크기는 25~200㎜의 범위로, 형태는 모암의 풍화작용 때문에 거친 형태를 가지며, 풍화가 얼마 지나지 않은 자갈은 모서리가 날카로운 형태를 유지하고 있다.
작은자갈	작은자갈의 크기는 2.5~25㎜의 범위로, 모암이나 큰자갈이 풍화되어 생성된 작은 입자의 거친 재료로 구성되어 있으며 흙 속에서 수축과 모세관 현상을 억제시킨다.
모래	모래의 크기는 0.074~2.5㎜의 범위로 실리카나 석영 입자로 구성되어 있고 점착력이 부족하다. 낮은 흡수력은 표면의 팽창과 수축을 억제시킨다.
실트	실트의 크기는 0.002~0.074㎜의 범위로, 물리·화학적으로 사실상 모래의 조성과 동일하며, 단지 차이점이라고 하면 크기가 다르다는 점이다. 실트는 내부 마찰력 증가로 흙의 안정성을 주며, 입자 사이의 수분막은 실트에 점착력을 부여한다.
점토	점토는 0.002㎜ 이하의 범위로, 물리·화학적 성질이 다른 입자들과는 다르며 팽창과 수축에 매우 민감하다. 점토 입자들 중 0.001㎜ 이하의 아주 미세한 입자를 콜로이드라 하며, 이것은 표면적이 크고, 그 표면의 성질이 특이하여 흙의 성질에 있어 중요한 역할을 한다.

입자 크기의 분포 상태를 조사하는 것을 입도분석이라 한다.

자연의 흙은 여러 가지 크기의 광물 입자(토립자)가 집합되어 있는 것으로, 흙 입자는 입경의 크기에 따라 표4와 같이 분류된다. 토양을 건조한 후 2.5㎜의 체로 쳐서 2.5㎜ 이상의 것을 자갈이라 하고, 그 이하의 것을 세토라 하며, 세토를 다시 모래·실트·점토 등으로 나누는데, 이와 같은 구분을 입경구분separates이라고 한다. 자갈이나 모래 입자를 많이 함유한 흙은 조립토 또는 사질토라 부르고, 실트나 점토 입자를 많이 함유한 흙은 세립토 또는 점성토라 부른다. 그리고 0.001㎜ 이하의 입자는 콜로이드colloid라 한다.

흙의 무기질 입자의 입경 조성에 의한 흙의 분류를 토성이라고 한다. 즉, 모래·미사·점토 등의 함유 비율에 의해 결정된다. 조립질은 점토 함량이 15퍼센트 이하로서 모래는 85퍼센트 이상이고, 세립질은 점토 함량이 15~25퍼센트이고 미립질은 25퍼센트 이상이다. 흙의 성질 결정에는 기술과 경험을 필요로 하지만, 흙 조사자들이 여러 가지 흙에 대한 실험치의 기계적 분석 결과를 여러 번 손가락의 촉감으로 익혀 두면 흙의 성질을 결정하는 데 큰 도움이 된다. 습한 토양과 건조한 토양은 손가락으로 느끼는 감각이 각각 다르기 때문에 손가락의 촉감으로 올바르게 흙의 성질을 알아보려면, 흙을 물로 잘 축인 다음 손가락 사이에서 잘 비벼 보아야 한다. 예를 들어 모래의 입자는 까슬까슬한 감이 있고, 미사는 건조했을 때 밀가루나 활석가루를 비비는 감이 있으며, 젖었을 때에는 어느 정도 가소성이 있다. 한편, 점토는 건조하면 매끈거리는 감이 있고, 젖었을 때에는 가소성과 점착력이 크다.

이상의 내용을 정리하여 흙을 분류하면 표5와 같다.

표5. 흙의 분류

종류 구분	1차 점토 (primary clay, Kaolin)	2차 점토 (secondary clay, Clay)
성인	암석의 풍화	암석풍화물의 퇴적
주산지	산(山), 밭(田) 등	천川(沓)
구조	1:1 구조(2층 구조)	1:2 구조(3층 구조)
주성분	SiO_2 : 35~50 %	60~70 %
	Al_2O_3 : 25~40 %	10~20 %
입자 크기	조립	미립
주된 종류	고령토, 황토, 마사토, 밭흙 등	통상 점토, 논흙, 뻘흙, 진흙 등

4

여섯 가지 일반 성질, 일곱 가지 역학적 성질

흙의 일반적 성질

1) 흙의 밀도, 공극, 입도

흙의 밀도는 입자밀도particle density와 용적밀도bulk density로 구분된다. 입자밀도는 토양의 고상 자체만의 밀도를 말하며, 용적밀도는 고상·액상·기상으로 구성된 자연 상태의 토양 밀도를 의미하는데, 일반적으로 105~110℃에서 8시간 정도 건조된 후의 토양, 즉 고상과 기상으로만 구성된 토양의 용적밀도를 측정하여 실제 사용한다. 용적밀도는 자연 상태의 토양 밀도인데 무기질 및 유기질 입자와 함께 토양 공기와 수분이 전체적으로 종합된 밀도이다. 그러므로 그 값이 입자밀도보다 훨씬 낮으며, 토양의 구조, 생성, 공극률에 따라 값이 서로 크게 다르다. 용적밀도는 토양의 구조를 잘 반영해 주며, 공기의 유통이나 물의 저장 능력을 나타낸다.

일정한 토양 용적 내의 입자와 입자 사이에 공기나 물로 채워지는 틈새가 있는데, 이것을 토양의 공극이라 하고, 단위 용적당의 공극량을 공극률이라고 한다.

입자의 크기는 입도라고도 하는데, 입도는 평균 직경으로 표시되는 것이 일반적인 표현 방법이다. 그런데 이 평균 직경을 표현하는 방법이 단순한 크기, 즉 어떤 입자가 안정한 상태로 놓여 있을 때 투영되는 면적의 함수로 나타낸 것인지, 또는 입자가 차지하는 체적의 함수로 표현한 것인지는 흔히 간과하기 쉽다. 그러나 지금까지 정의된 평균 직경의 값 중 가장 적합한 것은 표면적의 측정값인 단위 질량당 표면적을 비표면적specific surface area이라 하고 ㎡/g으로 나타낸다. 점토광물은 대부분이 아주 작은 입자로 구성되어 있기 때문에 비교적 표면적이 다른 규산염광물에 비해 큰 값을 가지고 있다. 그러므로 토양의 비표면적을 측정한 값의 대부분은 점토광물의 값으로부터 기인된다.

2) 흙의 구조

흙의 구성 성분들이 서로 결합하여 배열되는 상태를 흙의 구조라고 한다. 흙은 대소의 여러 가지 크기 입자로 구성되어 있지만, 이들 입자는 특수한 경우를 제외하고는 집합하여 입단aggregate 또는 흙덩어리clod를 이루고 있다. 그리고 입단은 입체적으로 배열되어 물의 보유와 이동, 공기의 유통에 필요한 공극을 이루고 있다. 흙의 구조에 영향을 미치는 요소에는 흙 입자들의 모양, 크기, 광물학적 조성 등과 흙 속에 있는 물의 특성과 성분 등이 있다. 일반적으로 흙은 사질토와 점성토로 크게 나눌 수 있다.

① 사질토

자갈, 모래, 실트는 유수, 바람 등에 의해 운반되어 퇴적할 때, 처음에는 느슨하나 그 위에 퇴적되는 퇴적물의 자중에 의해서 점점 조밀하게 된다. 또한 입자 간의 점착력이 없고 마찰력에 의해 이루어져 있으므로, 큰 하중이나 충격을 받으면 접촉 부분이 느슨해져 마찰 저항이 감소되어 체적이 현저히 감소한다. 이러한 구조를 단립구조라 한다. 사질토는 퇴적 환경이나 인위적 다짐에 따라 느슨한 상태에서 조밀한 상태에 이르기까지 넓은 범위의 공극비를 가지며 상대밀도로 표시한다. 상대밀도가 클수록 흙은 압축성이 작고 전단 강도는 커진다.

② 점성토

물속에 있는 점토 입자의 표면에는 음전기가 대전되어 있고, 각 입자들은 분산 이중층이 둘러싸고 있다. 대개의 점토 입자가 점차 가까워지면 분산 이중층들이 침투하려는 경향으로 인해 입자들 사이에는 반발력이 생기고, 동시에 점토 입자들 사이에는 인력Van der Waal's force이 존재하게 된다. 이러한 반발력과 인력은 입자 간 거리가 가까울수록 증가하고, 거리가 매우 가까우면 인력이 반발력보다 크게 된다.

3) 흙의 색상과 온도

흙의 색상은 흙의 성질 또는 생성 과정을 아는 데 중요한 사항이다. 실제 흙의 색깔은 그 흙의 풍화 과정이나 이화학적 성질의 유래를 판정하는 데 도움이 되고 있다. 또한, 흙의 비옥을 판정하는 자료로 삼을 수도 있지만, 아직 결정적인 것은 못된다. 흙의 흑색은 부식

그림8. 흙의 다양한 입자와 색상

의 영향이 크지만 반드시 그렇지는 않다. 흙의 색상은 함수량에 따라 달라진다. 일반적으로 습윤한 상태에서는 색상이 짙고, 건조하면 옅은 색으로 된다. 습한 상태에서 흑색으로 보이던 토양도 건조하면 거의 회색으로 되기도 한다. 그러므로 야외에서는 적당한 습도에서 색상을 결정해야 한다.

흙의 비열은 흙 1g을 1℃ 높이는 데 요하는 열량[121]을 물의 경우와 비교한 것으로서, 비열이 크면 가열·냉각 등에 의한 온도의 상승과 하강이 더디게 된다. 물의 비열은 1로서 가장 크며, 흙을 이루는 무기 성분은 대체로 0.2, 유기 성분은 0.4 정도이다. 자연 상태에서 토

121 물 1g을 14.5℃에서 15.5℃로 높이는 데 요하는 열량을 1㎈라고 함.

양 공극을 채우고 있는 공기와 물을 생각해 볼 때 물의 비열은 1이고, 공기는 0.000306이므로(0으로 보아도 무방함) 흙의 온도 변화는 흙의 수분 함량에 의해 결정되는 것으로 본다. 그러므로 흙의 온도는 토양 수분이 많을 경우에는 쉽게 변화되지 않는다.

흙이 태양열을 받아서 온도가 상승하는 것은 열전도heat conduction에 의한다. 열전도는 1㎠ 물체의 면에서 두께 1㎝ 상하의 온도 차가 1℃일 때 1초 동안에 통과하는 열량calorie으로 표시한 것이다. 흙을 구성하는 고체 성분에 비해 공기의 열전도율은 훨씬 작다. 그러므로 흙의 조성이 엉성한 경우에는 열전도가 늦고, 치밀한 상태일 경우에는 빠르다. 또한, 물의 열전도율은 석영·장석 등에 비해 작지만 공기보다는 매우 크다. 보통 흙의 열전도는 공극량에 따라 달라지며, 입자의 대소·공기·물 등이 양적으로 관계한다. 흙 성분은 원래 전도가 낮으며, 암석은 3㎝/hr에 지나지 않는다. 물의 열전도율은 공기의 30배에 달하기 때문에 습윤 토양이 건조 토양보다 높다. 즉, 토양이 습윤한 경우에는 건조한 경우보다 열전도율이 큰데, 이것은 습윤할 때에는 토립 간의 공극에 공기 대신 물이 채워져 있기 때문이다. 토양열은 일반적으로 대기보다 커지면 방열하며, 그 정도는 흙과 대기의 열의 차가 클수록 또한 표면이 엉성할수록 크다.

흙은 함수량에 따라 그 역학적 성질이 매우 달라진다. 포화 수분 이상에서는 유동성과 점성을 나타내고, 수분이 감소됨에 따라 소성을 나타내는데, 이때에는 질긴 감이 든다. 소성을 잃으면 부스러지기 쉬우며, 연한 촉감을 주고, 더욱 건조되면 입자가 응집하여 단단하고 딱딱하게 된다. 점성은 토립자들이 잡아당기는 힘을 말하며, 소성은 물체에 힘을 가했을 때 모양이 변화되고, 힘이 제거된 후에도 원형으로 돌아가지 않는 성질을 말한다.

토양이나 점토는 물과 섞이게 되면 물리적 성질이 현저하게 변화된다. 점토나 토양에 함유되는 수분 함량이 증가하게 되면 일반적으로 체적이 증가하게 되고 물질의 상태가 고체상으로부터 반고체상을 거쳐 소성을 갖는 물질로 변화되며, 수분 함량이 임계점을 넘게 되면 액성을 띠게 된다. 점토의 표면에 결합되는 물은 액체 상태의 물과 물리적 성질이 다르다. 결합되는 이 물분자의 두께는 점토광물에 따라 여러 가지 요인, 특히 층 전하나 층간 양이온의 종류 등에 영향을 받아 다양하게 변화될 뿐만 아니라 보통 물로 점이적인 변화를 보이는 것으로 알려져 있다.

흙의 역학적 성질

1) 연경도

일반적으로 점착성이 있는 흙은 함수량에 따라 그의 성질을 달리한다. 즉, 물이 지나치게 많으면 토립자는 수중에 떠 있는 상태로 있다가 함수량이 차차 감소하면 점착성이 있는 풀의 상태slurry로 된다. 그러다 더욱 함수량이 감소함에 따라 소성을 나타내며 더욱 건조하면 반고체로부터 고체로 된다. 흙이 함수량에 의해 나타나는 이들의 성질을 흙의 연경도Consistency라 하고 흙이 가지고 있는 하나의 성질을 나타낸다. 세립토의 함수량의 변화에 따라 흙의 연경도 뿐만 아니라 그의 용적도 변화한다. 즉, 흙의 함수량이 많아 액상일 때에는 흙의 용적도 가장 크지만 함수량이 감소해 소성으로 되고 더욱 반고체상으로 됨에 따라 흙의 용적은 차차 감소한다. 그러나 함수량이 더욱

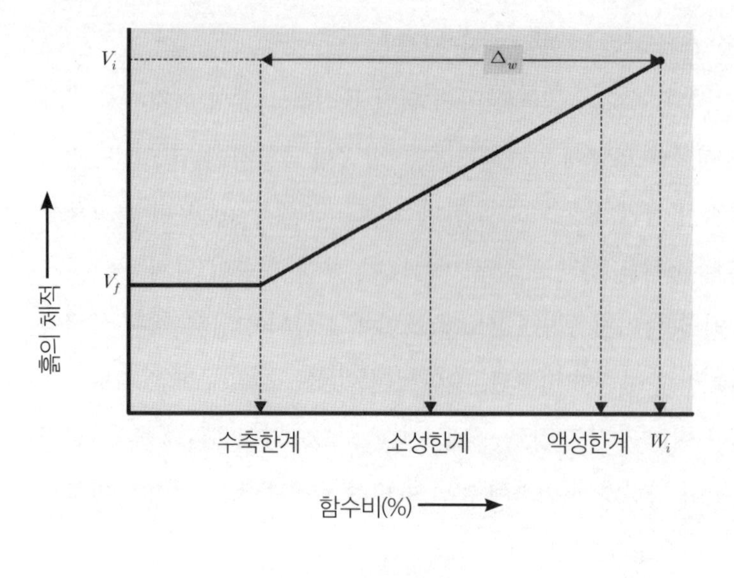

그림9. 흙의 연경도

줄어 흙이 고체상으로 되면 그 이상 함수량이 줄어도 용적의 감소는 볼 수 없다. 이와 같이 매우 축축한 세립토가 건조되어 가는 사이에 지나는 네 개의 과정 즉, 액싱, 소성, 반고체, 고체의 각각의 상태의 변화하는 한계를 아터버그한계라고 한다. 고체 상태에서 반고체 상태로 변환되는 점에서의 함수비를 수축한계Shrinkage limit, 반고체 상태에서 소성 상태로 변환되는 점에서의 함수비를 소성한계Plastic limit, 그리고 소성 상태에서 액성 상태로 변환되는 점에서의 함수비를 액성한계Liquid limit라 한다.

2) 강성

흙이 건조하여 딱딱하게 되는 성질을 강성rigidity이라고 한다. 건조한 토양 입자는 인력에 의해 결합되어 있다. 입자의 함량이 많을수록 또는 판상의 배향으로 결합하기 쉬운 점토를 함유하고 있는 경우에는 이와 같은 성질이 강하고, 구상을 나타내는 점토는 약하다. 즉, 완전히 건조한 토양은 입자 표면의 모세관 피막수가 없어지고, 입자가 그 표면 사이에 직접 결합하여 일정한 견결성coherence을 나타내는데, 이와 같은 성질은 입자 표면 사이의 접촉량과 잡아당기는 힘에 의해 좌우된다.

3) 가소성

가소성plasticity은 소성이라고도 하는데, 물체에 힘을 가했을 때 파괴되는 일이 없이 모양이 변화되고, 힘이 제거된 후에도 원형으로 돌아가지 않는 성질을 말한다. 흙에 물을 가하면 이 성질을 나타내지만, 어느 정도 이상 물을 가하면 일정한 모양을 유지하지 못하게 되어 유동한다. 또한, 어느 정도 이하에서는 가해졌던 힘이 제거되면 원형을 유지할 수 없어 부스러지고 만다. 따라서 가소성을 나타내기 시작하는 최소 수분과 이것을 유지할 수 있는 최대 수분의 한도가 있게 된다.

4) 응집성

응집성cohesion이란 토양 입자 간의 견인력과 연결력을 뜻한다. 수분이 많을 때에는 흙 입자 표면에 있는 수막면의 장력에 의해 잡아당기고, 수분이 적을 때에는 친화력이 현저한 활성원자 또는 원자단에 의해 잡아당기게 된다. 응집력은 토립의 대소, 구조의 조밀, 수분 함량 등에 따라 다른데, 점토가 가장 크고 부식토는 낮으며 사토는 더욱 낮다. 점토분이 많이 함유되어 있는 흙은 수분이 감소됨에 따라 물리화학적 성질이 강화되어 점차 굳은 토괴로 된다. 점토광물은 미립의 입자 또는 콜로이드 입자(<1㎛)로 구성되어 있다. 이러한 미세한 입도로 산출되는 점토광물을 물과 혼합시키면 점토 입자들은 쉽게 침전되지 않고 부유되면서 현탄액을 이룬다. 이렇게 부유하는 현탁액의 상태를 분산dispersion이라 하고, 이 현탁액의 입자들이 집합되어 침강하는 현상을 침전flocculation이라고 한다.

5) 점착성

점착성adhesion은 점성이라고도 하는데, 점착력이란 토립과 다른 물질들과의 잡아당기는 힘을 말하며, 그 강도도 흙의 성질과 수분 함량 또는 물체면의 평활도에 따라 달라진다. 흙의 부착력은 점토가 가장 크고, 이탄은 그 중간이며, 사토가 가장 작고, 특히 점토는 용수량이 80퍼센트일 경우 가장 크다.

6) 흙의 팽창과 수축

흙이 함수량의 변화에 따라 체적이 감소되는 것을 수축Shrinkage, 증대되는 것을 팽창swelling이라 한다. 이것은 주로 점성토의 특성이며 모래와 같은 입상토에서는 거의 관찰되지 않는다.

흙의 팽창은 두 가지 형식에 의해 이루어지는 것으로 본다. 그 중 하나는 점토나 부식의 표면에서의 물의 흡착이다. 물은 극성 공유 결합을 하고 있기 때문에 점토나 부식의 전하에 의해 그 표면에 흡착된다. 이 흡착된 물의 층은 일정하지 않으며, 분자층 또는 그 이상이라고도 한다. 다른 하나는 토양 중 점토로서 내부 표면을 갖는 몬모릴로나이트montmorillonite와 같은 2:1형의 점토가 층간에 다량의 물을 흡수하여 팽창하는 것이다. 이것은 점토의 결정층 간에 많은 양이온이 흡착되어 있고, 외부의 수분에 비해 이온 농도가 매우 높기 때문에 흡수작용에 의해 층간에 다량의 물을 흡수하여 팽창하게 된다. 이때 흡수 이온이 Ca^{+2}와 같은 다가 이온일 경우에는 층간에 결합력이 생겨 팽창을 방해하지만, Na^{+}가 흡착되었을 경우에는 이와 같은 결합력은 작용하지 않아 심한 팽창이 일어난다. 이와 같은 두 가지 경우를 생각하면 토양은 점토나 부식 함량이 많을수록, 또한 점토는 몬모릴로나이트형의 것이 많을수록 잘 팽창하며, 건조에 의해 수축도 커지게 된다. Na^{+}가 풍부한 해저니海底泥가 건조에 의해 수축되어 바닥이 갈라지는 것을 흔히 볼 수 있다. 수축은 팽창의 역과정이라고 할 수 있다.

물로 포화된 흙을 탈수시키면 없어진 물과 같은 양의 체적 변화가 생기며, 정규수축Normal shrinkage이 발생하고, 이러한 수축이 모인 것을 균열Crack이라고 한다. 탈수를 더 진행하면, 토립자의 접근·접촉으로 인한 반력이 생겨서 손실 수량보다도 체적 변화가 적은 잔류수축Residual shrinkage이 발생하며, 체적은 변화되지 않는 것처럼 보이는 이른바 무수축이 발생한다.

7) 경도

흙의 경도hardness란 외력에 대한 토양의 저항력을 말하며, 이것은 토립 사이의 응집력과 입자 간의 마찰력에 의해 생긴다. 입경 조성, 공극량, 용적량, 흙 수분 등이 종합되어 나타나는 현상이다.

5

–

우리 기후에서 풍화된 흙, 황토

황토의 정의

우리나라에서 황색 내지 적갈색 풍화토인 소위 황토는 황토방, 황토 침대, 찜질방 등 우리 생활환경의 다방면에서 유행처럼 널리 이용되고 있다. 이러한 용도들은 대부분 구전이나 경험을 바탕으로 알려졌고, 그 과학적인 근거는 잘 알려지지 않고 있다.

황토는 표준국어대사전에 '① 누렇고 거무스름한 흙, ② 대륙의 내부에서 풍화로 부서진 암석의 미세한 알갱이들이 바람에 날려 와 쌓인 흙. 누런빛이나 누런 갈색을 띠며 중국의 북쪽, 특히 황허강 유역과 유럽, 북아메리카 등지에 분포한다.'라고 정의하고 있다. 그러나 우리나라에 분포하는 토양을 조사한 학자들은 풍성 기원의 퇴적물에서 나타나는 광물 조성이나 특성이 거의 없다고 한다. 또한, 우리나라의 황토는 가까운 산이나 밭에서 쉽게 볼 수 있는 황색 내지 적갈색의 풍화토이므로, '암석의 풍화 결과 형성된 것'이라는 사실을 알 수 있다. 그러므로 우리나라에서 흔히 사용되는 황토는 지질학 용어

사전의 풍성 기원 퇴적물인 'loess'는 아니고, 기반암의 풍화에 의해 형성된 황색-적갈색의 토양이기 때문에 'Hwangtoh'라는 용어를 사용한다. 그러므로 황토는 기반암의 풍화 결과 형성된 것이므로 기반암의 종류와 풍화 정도, 기후 조건 등에 따라 매우 다양하게 나타날 것임을 쉽게 추측할 수 있다. 암석은 풍화에 의해 잘게 부스러지고, 원광물이 점토광물을 비롯한 2차 광물로 변해 가면서 토양을 형성하게 되는데, 물질의 첨가 과정, 물질의 전이와 이동 과정, 물질의 제거 과정을 거치면서 성숙하게 된다. 황토는 주로 점토광물을 비롯한 풍화산물이 직접 심토층을 이루고 여기에 변화된 표토층 일부가 포함된 것으로 간주할 수 있다. 우리나라 황토는 전국적으로 고르게 분포하지만 고지대, 급경사지, 하천 등에는 잘 나타나지 않는다.

황토의 분포

오늘날 황토는 온대 지역과 사막 주변부의 반건조 지역에 가장 넓게 분포하며, 중국 북부, 동북부, 중앙아시아, 러시아 남부, 중부유럽, 북아프리카, 북아메리카, 아르헨티나, 뉴질랜드 등에 널리 분포하고 지구 표면의 약 10퍼센트를 덮고 있다. 일반적으로 황토는 비옥한 토양으로 덮여 있어 농업에 적합하기 때문에 항상 인구 집중에 영향을 미쳐 왔다. 중국과 같이 인구가 밀집된 황토 지역의 농업인들은 가파른 경사 지역에 움막과 유사한 거주지를 파고 살았다. 푸에블로 인디언과 같은 반건조 지역의 거주자들은 황토로 만든 벽돌을 이용해 집이나 요새와 같은 건물을 지었다.

황토의 특징

황토는 우리 기후 조건하에서 암석이 풍화된 잔류 토양으로, 우리나라 전역에서 쉽게 발견된다. 모암의 종류와 장소에 따라 산출 상태가 다르지만 일반적으로 지표면에서 유기물을 다량 함유한 것일수록 검은 색을 띠고, 풍화작용이 덜 진행된 약간 깊은 부분에서는 황색에 가까운 색을 띠는 경향이 있다. 황토의 일반적인 토양 단면은 유기물을 포함하는 암색의 표토층을 제외하고는 상부에 적갈색을 띠는 부분과 그 아래에 담황색과 황갈색을 띠는 부분이 나타나고 그 아래에 풍화암과 경질모암의 순서로 나타난다.

황토는 공극에 포함되는 물과 공기를 제외한 고체의 대부분이 광물로 구성되어 있다. 물론 고체 중에는 아직 광물이 되지 못한 비정질 물질도 소량 포함되며, 식물의 뿌리와 박테리아와 같은 미생물도 포함되지만, 황토 전체로 볼 때 그 비율은 극히 적다. 따라서 황토의 구성 물질은 주로 광물이라고 볼 수 있다. 황토는 가소성, 흡착성, 흡수와 탈수성, 현탁성, 이온 교환성 등의 점토광물에서 보이는 광물학적 특성을 가지고 있다. 점토광물은 다른 광물에 비해 가장 활성도가 높은데 가소성, 이온 교환성, 흡착성, 촉매성, 현탁성, 높은 표면적, 전자파의 흡수와 방출 등의 다양한 성질을 가지기 때문이다.

우리나라 황토는 전국에 걸쳐 골고루 분포되어 있으나, 주로 남부 해안 지방과 서부 해안 지방 산지에 많이 퇴적되어 있다. 경주 토함산 황토와 경남 고성, 김해, 산청 지방과 전남 무안, 고흥, 화순 지방(전남에는 적색이 많은 진황토임), 충남 부여, 논산, 익산 지방 그리고 강원도 홍천 지방의 황토가 품질이 우수하다고 알려져 있다.

황토의 건축적 이용

우리나라에서 기존에는 황토를 목재, 볏짚, 석회류나 천연풀 등과 함께 섞어 집의 벽체, 천장, 바닥 등을 짓는 데 건축적으로 이용했다. 또, 황토를 심벽心壁에도 사용했는데, 나무와 같은 소재로 짠 구조 틀 위에 짚이나 섬유질을 섞은 황토를 바른다거나 일정한 형태의 틀을 짜고 그 속에 황토를 다져 넣는 흙다짐 방법으로 주거에 썼음을 엿볼 수 있다. 이렇게 건축에 황토를 사용하는 것은, 생태학적 건축의 사고, 원리, 기술, 형태적 특성이 주거건축에 적용되었음을 알 수 있다. 황토의 이용은 앞으로도 지속 가능하고, 자연-건축-인간이 가까이 접근하는 건강한 주거 문화를 창출하여, 생태 회복을 이끌고자 하는 요구를 충족할 것이다.

여기서, 어떤 흙을 사용해야 하는가? 어떤 흙이 좋은 흙인가라는 질문이 생길 수 있다. 우리나라는 흙이 좋아서 웬만한 흙도 바라는 효과를 얻을 수 있다. 다시 말하면, 우리 주위에 가까이 있어서 구하기도 쉬운 흙이 가장 좋은 흙이라고 할 수 있다. 또한 흙은 일단 구우면 주요 특성을 잃어버리므로 굽지 않고 사용하는 게 바람직하고, 시멘트나 화학수지를 섞어 쓰지 않는 게 좋다.

자연에서 흙을 가져와서 집을 짓고 살다가 집을 허물면 다시 자연으로 돌아갈 수 있는 그런 흙이 좋은 흙집 재료이다. 다시 그 흙에 배추를 심어 재배할 수 있어야 가장 좋은 흙집 재료이다.

4장 / 역사와 건축물

1

반유목민의 주거에서 시작되다

건축의 역사를 보는 관점은 다양하다. 그래서 건축의 역사는 다양하게 서술된다. 여기서는 농업혁명과 산업혁명을 중심으로 생존 방식을 살펴본다. 구석기 시대 수렵 채집을 위주로 한 움집 주거 시기, 그리고 농업혁명 이후 문명을 본격적으로 건설했고 흙건축이 본격화되었던 시기, 그리고 산업혁명을 통해 철과 콘크리트가 전면에 등장한 시기를 기본 얼개로 흙건축의 역사를 살펴본다.

흙건축은 인간의 역사와 함께해 왔다. 지금도 흙을 이용하여 수없이 많은 건축 행위가 이루어진다. 인류 최초 흙주거를 밝히는 설명을 많은 문헌에서 볼 수 있지만, 오랜 시간이 흐르면서 그 흔적이 사라져 버려서 최초의 흙주거를 정확히 알기는 어렵다. 다만, 최초 인류가 주변에서 손쉽게 구할 수 있는 재료를 쓰고 주변 환경에 맞는 주거를 짓고 살았을 것이기에, 흙건축도 인류 건축 역사의 시작과 기원을 함께했을 것이라고 추측할 수 있다.

문명 이전의 원시 인류는 생존을 위해 식량 채집과 낮은 수준의 수렵 생활을 했고, 먹을 식량을 찾아서 계속 이동해야 했다. 그래서 원시 수렵 채집인들에게 집은 대개 며칠만 머무르면 되는 가장 단순한 주거 형태였고, 단순한 은신처였으며 규모도 작았다. 그래서 야영지 주변에서 손쉽게 모을 수 있는 건축 재료만을 써서 집을 지었다. 주거지를 완성하는 데 들이는 시간이 짧았고, 특별한 기술도 필요로 하지 않았기 때문에 집은 실내 기온을 유지할 정도인, 매우 기초적인 형태로 지어졌다.

이보다 발달한 수렵 채집인들은 이전과 같이 은신처를 한두 시간 내에 지었지만, 사용 기간은 며칠이 아니라 몇 주까지 늘어났다. 이들 무리는 주거의 내부 면적을 늘렸고, 새로운 야영지로 이동하면서 집 짓는 재료 일부를 최소한이나마 옮겨서 다시 사용했다. 이들은 구조물을 만들 때 다양한 재료들을 복합해서 건설하는 기술을 가지고 있었다. 이들은 각각의 재료가 가진 기본 특성을 알고 있었으며, 보다 복잡한 도구를 만들기 위해 그 재료들을 효과적으로 조합했다.

끝으로, 수렵 채집 무리와 농경 민속사회를 연결하는 중간 단계의 유목민들은 이동용 천막집을 사용했다. 이동용 천막집은 좀 더 영구적인 구조체와는 달리 실내와 실외의 경계가 뚜렷하지 않았다. 추운 지역의 경우 바깥 공기를 단단히 차단하는 천막집을 만들기도 하지만, 사막 지역의 천막집은 그저 햇볕을 가리는 그늘막 형태여서 집의 시작과 끝을 정하는 수직벽이 없었다. 유목민들은 주기적으로 거주지를 옮겨 다니기 때문에 주거 재료의 이동이 용이해야 한다. 따라서 무게가 가벼운 재료로 천막집을 지었다. 이런 이동형 주거는 고유의 특성상 오늘날 고고학자들이 연구할 수 있는 영구적인 흔적을 남기지 않았다. 그럼에도 이동 주거들은 선사시대에 사용되었을 것으로 추측된다. 이 때는 생존을 위해서 이동이 중요했기 때문에 이동이 용이하지 않은 건축 재료인 흙은 사용이 어려웠을 것이고, 만약 사용했다면 부분적이었을 것이다.

건축 재료로서 흙의 본격적인 사용은 사냥하고 가축을 길러서 생계를 유지하고 계절에 따라 이동하면서도 그 사이에 씨를 뿌려 수확하는 형태의 경작을 하는 반유목민의 주거였을 것으로 본다. 반유목민 사회는 진화 과정상의 과도기적 단계를 나타내는 '반정착민'이라고도 볼 수 있다. 간혹 이들은 자신들이 예전에 정착했던 곳에 다시 찾아가 주거지로 삼았다. 반유목민 또는 반정착민은 환경 요인과 생산성 수준이 각양각색이어서 건축 유형도 다양했다. 그럼에도 불구하고 이들의 주거에는 공통된 특징이 있다. 보통 처음에는 다른 유형의 주거를 번갈아 사용했다. 정착 생활을 하는 동안에는 튼튼한 집에서 살다가 이동 생활을 할 때에는 임시 주거에서 머물렀다. 이들 주거의 일반적인 형태는 역시 당시 환경을 지배하는 기후에 따라 변화하게 된다. 기후 변화에 대응하여 벽체를 흙으로 만들고 지붕의 재료로 두꺼운 진흙 덮개층을 사용하는데, 이렇게 하면 열 취득과 열 손실을 지연시켜 주며 내부와 외부의 온도 차이를 24시간 내내 평형하게 해 주었다. 겨울 주거는 혹한과 강풍을 막아 낼 정도로 튼튼해야 하므로 열 용량이 큰 벽과 지붕이 필요했다. 그래서 대부분의 겨울 주거는 추위와 바람을 최대한 막아 줄 수 있는 흙을 덮은 반지하의 주거 형태였다. 계절 변화가 거의 혹은 전혀 없는 아열대의 사바나 기후에서는 뜨거운 낮과 추운 밤, 낮은 습도와 희박한 강수량이 특징이다. 이러한 지역에서는 하나의 일반적인 주거 형태를 필요로 한다. 그것은 흙으로 된 높은 열 용량의 벽체와 지붕으로 된 축열 구조의 건물이다. 이런 벽체와 지붕은 낮에 흡수한 열을 밤에 방출하고,

반대로 밤에 냉각되었다가 최소한 낮 시간의 얼마 동안 실내를 시원하게 유지해 주었다. 이렇듯 흙건축은 반유목민(반정착민)들, 즉 작물 재배와 가축 사육을 통해 얻은 식량에 우선적으로 의존하고, 유랑 수렵 채집인들보다는 좀 더 제한된 지역 내에서 활동하는 이들이 본격적으로 이용하기 시작했을 것이다.

고대 문명 태동 이전 시대의 흙건축은 세계 각지에서 흔적이 발견된다. 특히, 세계 각지에 잔존하는 고고학 흔적들은 거의가 흙으로 세워진 도시들이다. 기원전 8000년경 요르단, 이란, 아나톨리아에서 신석기 문화 혁명이 일어났으며, 이때 곡식이 재배되었고 가축이 길들여졌다. 이와 같은 것들은 영구적인 인류 정주의 조건이었고 인간은 정착 생활을 시작하면서 오래 머물 수 있는 새로운 주거 공간이 필요했다. 이때를 전후해 흙건축의 흔적들이 많이 발견된다.

예를 들어, 요르단강 기슭의 초원 위에 자리 잡은 신석기 이전의 부락 예리코Jericho는 발굴을 통해 알려진 가장 오래된 마을 중 하나이다. 이 부락은 기원전 8000년경에 큰 발전을 했고 진흙벽돌과 원형 혹은 타원형의 돌기초로 지어진 집들로 마을이 만들어졌다.아나톨리아(터키)의 차탈회위크 정착지는 기원전 6500~5700년경에 진흙벽돌을 쓴 벽으로 지어졌다. 기원전 8000~6000년경 지어진 진흙벽돌 주택이 러시아 투르키스탄에서 발견되었고, 아시리아에서는 기원전 5000년경의 다짐흙 기초가 발견되었다. 기원전 4800년경에 형성된 이라크의 야르모Jarmo 유적에서는 흙주거의 흔적이 발견되었고, 메소포타미아 지역에서는 야르모의 주거지보다 한층 더 발달된 핫수나Hassuna 유적이 발견되었다. 핫수나의 주택은 흙벽돌이 갖는 구조적 단점을 보완하기 위해 버팀벽buttress으로 받쳐 내구력을 갖도록 하였고, 마당의 빗물이 뒤로 흐르도록 배수구도 만들어 주었다. 배수구는 흙벽에 빗물이 스며들 경우 내구력이 약해지는 문제점을 해결하기 위해 설치되었다. 이밖에도 파키스탄의 하라파Harappa와 모헨조다로Mohenjo Daro, 이집트의 아크렛아톤Akhlet-Aton, 페루의 찬찬Chan-Chan, 이란의 바빌론Babylon, 스페인의 코르도바Cordoba 근처에 있는 쥬에로스Zuheros, 그리고 사이프러스의 키로키티아Khirokitia 등에서도 흙건축의 흔적이 발견된다. 이 흔적들은 흙이 인류 문화에서 아주 오래전부터 주거지뿐만 아니라 다양한 용도의 건축물에 사용된 건축 재료였음을 보여 준다.

2

–

세계 각처에 다양한 흙건축물이 세워지다

모든 고대 문명에서 흙은 주거지와 건축물을 짓는 데 사용되었다. '강 사이의 도시' 메소포타미아의 유프라테스강과 티그리스강 유역은 '비옥한 초승달' 지대, 즉 이집트에서 출발하여 팔레스타인과 시리아를 지나 메소포타미아에 이르는 지대의 동쪽을 차지한다. 메소포타미아 문명의 발상지인 유프라테스와 티그리스 강 연안은 도시 문명이 발달하기에 이상적인 조건을 갖추고 있었다. 기원전 3500년경에 발달한 수메르 문명은 석재가 없고 목재가 부족한 지역이었다. 이런 취약점을 극복하는 과정에서 흙벽돌 조적 구조를 기반으로 기둥, 벽기둥, 아치arch, 볼트vault 등을 이용한 복잡한 건축 기술이 발전했고, 많은 흙벽돌 마을들이 가족 혈연 사회를 이루며 시골과 도시 주변에 점점으로 흩어져 있었다. 진흙 벽돌은 햇빛과 바람에 의해 침식되는 내구성이 약한 재료이므로 중요한 건축물에는 구운 점토 타일이나 회반죽, 혹은 석회 칠로 외피를 보호했을 것이다. 대다수 소규모 건물의 지붕은 벽돌 자체의 구조적 한계와 지붕보로 이용되는 목재의 부족 때문에 자연적 구조 체계인 아치 형태의 볼트로 처리되었다. 소규모 건물은 대부분 단층으로 만들어졌지만, 4층 정도까지 가능했던 것으로 판단된다. 특히, 기원전 2200~2100년 사이에 세워진 우르의 지구라트는 15m 높이의 거대한 기단 위에 두 개의 작은 단이 놓였는데, 이것은 햇볕으로 건조시킨 벽돌로 세워졌으며 표면은 역청으로 처리한 구운 벽돌을 사용해 덮었다.

흙건축은 또한 고대 페르시아의 중심부 이라크와 이란, 수메르 문명의 발상지 아프카니스탄, 남북 예멘에도 뿌리가 깊다. 이란의 고대 도시 밤bam, 야자드yazd, 서전Seojan, 타브리즈Tabriz에는 완벽한 배럴 볼트와 돔 기술의 증거들이 남아 있다. 그리고 남예멘의 쉬밤Shibam에는 여물을 섞은 알매흙(Cob) 방식의 10층 이상 건축물들이 있다.

'나일강의 선물'인 이집트 문명에서 돌로 지은 피라미드와 바위를 쪼개 만든 공동묘지는 죽은 자를 위한 영원한 안식처가 되었다. 대조적으로 산자의 안식처인 이집트인의 집은 햇볕에 말린 벽돌처럼 시간의 파괴를 이겨 내지 못하는 약한 재료로 지어졌을 것이다. 이들은 햇볕에 말린 벽돌을 이용하여 집을 지었고 천장은 야자수 줄기와 잎자루를 엮어 얹고 흙을 덮었을 것이다. 바닥을 흙을 다진 다음 그 위에 회칠했을 것으로 생각된다. 어떤 이집트학 연구자들은 다른 견해를 내놓았는데, 상대적으로 평화로운 나라인 이집트의 도시들을 요새화할 필요가 없었다는 것이다. 따라서 그들의 집은 개방된 형태였을 것이며, 이는 이집트의 도시 구조가 느슨했고 도시의 구성도 성벽으로 둘러싸여 속박되거나 고정되지 않았음을 의미한다.

인더스 문화는 석기에서 서서히 청동기를 사용하던 금속 병용 시대에 탄생했다. 인더스 문명은 매우 발전된 건축 기술을 보유하고 있었다. 모헨조다로의 건설 기술자들은 벽을 만들 때 '구워 만든 벽돌'

을 사용했다. 두껍게, 그리고 경사지게 세운 벽의 안쪽은 대부분 수직이었으며 표면에는 진흙 반죽을 발랐다. 벽의 바깥 면은 마감 없이 노출시켰던 것으로 생각되며, 대규모 건물들에서만 벽을 경사지게 만들었을 것으로 추정된다. 또한 건물의 기초를 상당히 깊이, 매우 조심스럽게 설치했다. 일반적으로 바닥에는 벽돌을 깔았다. 대부분의 방에 벽돌을 눕혀 깔았으나 욕실처럼 잘 닳는 곳에는 세워서 깔았다. 당시 이 지역에서는 제대로 된 모양의 아치는 사용되지 않았을 것으로 추정된다. 다만 두꺼운 벽의 움푹한 부분에 까치발 아치가 사용되었고(드물게 벽에 낸 창이나 문 위를 걸치는 용도로 사용했다.) 문과 창문 상부의 돌 밑에는 나무 인방을 대서 받쳤다. 또 상부 층 바닥과 평지붕은 목재를 짜서 만들었다. 이 목구조는 보와 판자로 이루어졌다. 지붕은 아마도 흙을 덮어 밟아 다지고 보호 벽돌을 한 겹으로 깔았을 것이라 생각된다.

끝으로 중국 문명에서 농업은 먼 옛날부터 신성한 직업이었고 지금도 그 전통이 남아 있다. 중국인들은 신들 가운데 가장 오래된 신의 하나인 "흙의 신"을 매우 숭배했고, 점차 가족 농지와 동일시했다.

아프리카

아프리카에서 이루어진 인류의 진화는 거대했으며, 아마도 아프리카에는 인류가 세계무대에 처음 등장했던 곳일 것이다. 또한 아프리카는 거의 3천 년 가까이 번영했던 이집트 문명의 본산지이기도 하다. 나일강 유역의 메림Merim이나 페이윰Fayum에서 발견되는 기원전 5000년경 인류 최초의 정착지에는 갈대와 나뭇가지를 엮은 후 흙을 덮거나 흙덩어리를 채워 사용했음이 확인된다.

아프리카 흙건축은 다양한 형태의 곡식 창고에서 가장 간단한 임시 오두막, 모로코 남부의 카스바kasbah에서 나이지리아 지방의 강변, 베닌Benin의 솜바Somba족의 요새, 카메룬 모스곰Mousgoum족의 오두막 외벽, 말리의 사원과 도시 주거 등으로 그곳의 땅, 재료, 건설자의 영혼을 반영하고 있다.

이후 아프리카의 발전된 문명은 이집트 왕조가 세워지면서 나타난다(기원전 2900년). 이집트의 나일강 유역은 흙과 같은 중요한 건축 재료를 제공했으며, 점토와 실트로 이루어진 흙은 사막 주변의 모래와 섞은 후 곡물로부터 얻어진 짚을 첨가하여 건축 재료로 사용했다. 이 건축 재료는 처음에는 손으로 만들어 사용했으나 시간이 지나면서 거푸집에 재료를 부어 넣고 햇빛에 건조해 굽지 않은 벽돌 형태로 만들어졌다. 이 흙벽돌은 외부 벽 형태가 층계식인 왕조나 고위 관료들의 석실 분묘를 짓는 데 사용했으며, 이런 형태는 아마도 메소포타미아 건축물을 모방했을 것으로 보인다.

사하라Saqqarah와 에비도스Abidos의 동굴에서는 이후에 돌로 덮여진 경사진 흙벽돌 벽의 발전을 보여 준다. 흙은 돌에 의해 보호되어 사라지지 않는 영원한 재료로 임호텝Imohotep에 의해 지어진 사하라의 석회암 사원에 최초로 사용되었다. 그것은 농촌 거주지뿐만 아니라 귀족과 왕의 저택과 건물로 시민 건축물로 보존되었다. 흙은 돌에 의해 불멸의 재료가 된다. 매장 유적에 쓰여지거나 칠해진 장식은 가장 최근의 이집트 문명에까지 햇빛에 건조한 벽돌이 사용됐다는 것을 알 수 있다.

데엘메디네Deir el-Medineh의 테베스Thebes에 있는 대규모 공동묘지에서 일하던 장인들의 집들은 계단식으로 되어 있었고, 돌 기초 위에 진흙 벽돌로 지어졌다. 각각의 집들에는 연속하여 응접실, 휴게실, 침실, 그리고 부엌이 있으며, 계단은 평지붕에 접근이 가능하도록 되어 있다. 햇빛에 건조한 벽돌로 만든 이 마을은 장인들이 400여 년의 오랜 세대에 걸쳐 자리 잡고 살아왔으며, 이집트 건축 기술자들은 둥근 천장을 만들 수 있는 조적 공법을 개발했다. 우리는 룩소Luxor와 아수완Asswan 사이에서 낮은 누비안을 찾아볼 수 있다.

아프리카 대륙의 북쪽 지역들은 지중해 문명에 영향을 주었다. 그 문명들은 담틀과 햇빛에 말린 흙벽돌의 사용에 널리 영향을 끼쳤다. 동아프리카는 칠, 도료 그리고 직접 모양을 만들면서 사용한 인도양의 사람들에게 영향을 받았다.

케냐와 같이 멀리 떨어진 누비아Nubia로부터 나온 악숨Axum 왕국의 영향과 쿠시인cushite의 이주는 햇빛에 말린 흙벽돌의 사용을 널리 퍼뜨렸는지도 모른다. 하지만 이슬람은 매우 큰 영향을 미쳤다. 11세기 시작점에, 아프리카의 고대 중심지에는 외관상으로 진지한 변화가 일어났고, 그 변화는 모스크mosque의 건축물이 소개되면서부터였다. 모스크들은 대체로 지역에서 가능했던 기술들을 사용해서 흙으로 지어졌다. 가장 아름다운 건물 가운데에는 젠네Djenne의 젠네사원, 그리고 말리에 있는 몹티mopti가 있다. 이 건물들은 이웃 국가들에게 모델이 될 만했다. 이슬람이 현실과 이론에서 영향력을 끼쳤다고 하지만, 무엇보다 모스크 건물들이 거대한 아프리카 대륙의 문화를 일깨웠다. 아프리카 문화는 햇빛에 말린 흙으로 건물을 축조하는 기술을 완벽히 숙달하게 되었다.

수단 메사킨Mesakin족의 벽들은 간혹 푸른 유리가 덮인 것처럼 광택을 내기도 하는데, 이렇게 하면 장식적인 효과뿐만 아니라 표면을 단단하고 매끄럽게 해 준다. 이것은 화강암이 섞인 흙을 푸른 광택이 날 때까지 손으로 문지르면 된다. 또한, 진흙벽의 테두리에는 넓게 장식용 채색도 했다. 가나와 볼타 지역 고지대의 토착민인 아운나Awuna족의 주거는 전형적인 아프리카 원형 오두막 무리 주거이다. 원형 오두막을 둘러치는 벽체는 진흙으로 만들어 세웠고, 대부분의 오두막들은 나뭇가지를 잘라 만든 구조 위에 두꺼운 짚으로 지붕을 이었다. 창고 건물은 나무 서까래 위에 진흙으로 만든 평지붕을 얹어, 곡식을 비롯한 농작물을 건조시키는 데 이용했다. 오두막의 진흙벽과 평평한 바닥에는 소똥과 메뚜기 알주머니에서 추출한 분비액을 섞은 진흙을 발랐다. 이 혼합물은 단단하게 굳으면 방수 효과를 내며, 동시에 마감을 매끈하게 했다. 진흙 문지방은 23센티미터 높이로 비를 막기 위해 문이 열리는 안쪽으로만 설치되었다. 침실로 이용되는 오두막에는 벽에 침대를 흙으로 빚어 붙였다. 한편 부엌의 일부 공간은 낮은 진흙벽으로 구획하여 그 한쪽 기둥에다 염소들을 매놓았다. 바깥의 취사 공간과 가까이 있는 오두막 벽에는 흙으로 낮은 좌석들을 만들어 붙였다. 농작물 건조장은 사방이 30센티미터 높이의 진흙벽으로 둘러싸여 있는데, 이 벽 또한 앉는 자리로 쓰였다.

말리의 도곤Dogon족도 무리 형식의 주거에 사는데, 그들의 이웃인 볼타 고지대 부족들과는 대조적으로 도곤족의 오두막들은 대부분 직사각형이나 정사각형 평면이다. 주거들은 가족마당을 둘러싸는 형태로 자리 잡고 있으며 주요 주택과 곡식 창고, 보조 오두막들이 돌담으로 연결된다. 오두막과 창고들은 돌과 나무줄기로 만든 기초 위에 세워지는데 그 벽체는, 지푸라기로 보강하여 볕에 말리 진흙벽돌을 쌓은 다음 진흙을 발라서 마감했다. 도곤족이 주로 사용하는 주택은 여러 개의 실이 합쳐져 있다. 전실, 가족실, 저장실, 우기에 사용하는 부엌으로 나뉜다. 부엌 공간은 원시 형태인 원형 평면이며, 원통 오두막의 원뿔지붕 대신에 집의 다른 부분과 마찬가지로 평지붕으로 덮여 있다. 진흙으로 바른 지붕은 나무 서까래와 보로 받치며 필요한 경우 독립기둥으로 지지했다. 덥고 건조한 시기에는 가족들이 평지붕에서 자는데 전실이나 부엌 근처에 홈을 판 나무줄기 사다리를 설치해 그것을 이용해 지붕으로 올라갔다. 보와 서까래는 벽면의 바깥으로 나오게 하여 진흙벽을 보수할 때 발판 역할을 했다.

아메리카

농업 문명이 나타나기 전 아메리카 대륙에서는 유목민의 수렵 생활이 수천년 동안 지속되었다. 종교에 기초를 두는 중부아메리카의 도시들을 중심으로 사회가 복잡해지면서 농업 문명이 급속하게 형성되었다.

라벤타 지역에서는 폭이 65미터, 높이 35미터 정도의 흙피라미드가 지배적인 건축 형태였다. 주거 형태는 가벼운 건축 자재인 나무와 벽돌, 혹은 흙덩이, 야자 나뭇잎 지붕으로 세워진 열린 구조의 작은 사각형 형태의 집들이었다. 태양에 건조한 벽돌의 사용은 사회의 복잡성과 계급성의 정도에 따라 기원전 500년에서 서기 600년 사이에 나타난다.

멕시코 테오티우아칸Teotihuacan의 태양 피라미드의 중심부는 약 2백만 톤의 다짐흙으로 건설되었다. 돌과 흙의 찬란한 도시였던 테노

취티틀란Tenochtitlan은 1521년 에르난 코르테스Hernan Cortez 부대에 의해 파괴되었다. 남아메리카에서는 산악 지역과는 달리 충적평야와 해안에서는 돌이 많지 않아 흙을 많이 사용했다. 안데스 지역(묘의 토템들)의 가장 오래된 지역인 '휴카나Hucana'는 돌더미로 이루어졌으며, 이후 외관은 자갈을 채워 넣고 평평히 다진 흙벽돌을 사용하여 피라미드가 되었다(리오 세코Rio Seco, 기원전 1600년). 페루 세로 세친Cerro Sechin에는 조각이 새겨진 흙벽돌로 둘러싸인 차빈(Chavin; 기원전 1000~200년)의 원뿔형 사원이 있다. 13~15세기 페루 북부도시 트루히요 교외에 남아 있는 찬찬chan chan은 1470년 잉카제국에게 정복되어 사라져 버린 치무Chimu 왕국의 수도였던 곳으로, 그 도시 유적을 일컫는 말이다. 치무인들은 안데스의 물을 끌어 들여 농사를 지었는데, 그 본바탕은 모래땅이었다. 그래서 20㎢에 이르는 찬찬 유적 어디를 다녀도 돌조각 하나 볼 수 없다. 잉카는 석조 건축물이 도시를 온통 뒤덮고 있으나, 찬찬 유적에선 흙벽돌이 대부분이며 여전히 거대함과 섬세함을 간직하고 있다. 또한, 흙건축은 태평양 연안의 모치카Mochica 문화에 의해 광범위하게 이용되었다. 모치카 문화는 다진 흙과 태양에 건조한 벽돌로 수로를 건설했고 모체Moche강에는 굽지 않은 벽돌로 세워진 거대한 피라미드가 있다. 내부 구조는 굽지 않은 벽돌로 만들어진 육면체 형태의 기둥이 밀실하게 구성되어 있다. 11세기 치무 왕조의 수도 찬찬은 모든 건축이 굽지 않은 벽돌로 건설되었고 약 20제곱킬로미터나 되는 도시가 수많은 흙벽으로 연결되어 있다.

폰 추디Von Tschudi 지역의 벽돌벽은 격자와 동물 형태로 장식되어 있다. 잉카 문명은 산악 도시의 대부분이 석재 블록으로 이루어졌으며, 안데스 산맥의 해안 지방에서는 흙이 지속적으로 이용되었다. 리오 피스코 계곡의 탐보 콜로라도 도시는 완전히 굽지 않은 사각 흙벽돌로 이루어져 있다. 벽은 노랑이나 빨강의 밝은 칼라의 점토로 칠해져 있다. 농촌 주거의 대부분은 흙으로 건설되어 있고 쿠라카(Curaca, 마을의 우두머리)와 툭리쿡(Tucricuc 지배인, 행정관)의 거주지도 흙으로 지어졌다. 리막Rimac계곡의 아도비 벽돌과 흙다짐벽(Pise)으로 지어진 부유한 주택들이 최근에 복원되었다. 오늘날 중앙아메리카에는 벽돌과 흙다짐벽이 지배적인 건축 양식으로 남아 있다.

북아메리카 남서부의 인디언들은 일찍이 건축적 목적으로 흙을 이용하여 발전시켰다. 애리조나의 호호캄Hohokam의 수혈 주거는 흙으로 덮인 나무 안에 지어졌고, 카사 그랜드Casa Grand는 두껍고 거대한 흙벽으로 대형 공동 주거지를 형성했다. 호호캄은 아나사지Anasazi의 영향하에 땅 위에 흙으로 된 거주지를 건설했다. 몽골론Mongollon 문화는 나무와 흙으로 덮인 짧은 줄기 형태의 독특한 주거를 발전시켰다. 아나사지 문화는 아메리카 남서의 수많은 인디언 부족의 일반적인 전통을 대표하게 됐고 대부분의 흙건축이 남아 있다.

바스켓 메이커 I Basket MakerI 기간(서기 0~500년)에는 나무 막대기에 흙으로 덮인 얕은 구덩이 주택으로 알려진 원형 참호형 주택의 특성을 보인다. 바스켓 메이커 II 문화(서기 500~700년)에 이 거주지는 피라미드 형태로 추정되는 직사각형의 평면 형태로 변화했으며, 나무와 흙을 사용해 건설되었다. 푸에블로Pueblo I 과 II (서기 700~1100년)는 보다 견고해졌으며, 흙으로 덮거나 나무 구조 사이에 알매흙을 쌓아 땅 위에 거주지를 지었다. 뉴멕시코의 캐논으로부터 아나사지는 다른 지역으로 이주했다. 리오 그란데Rio Grande와 리오 프에르코Rio Puerco에는 건설 재료로 사용할 수 있는 점토와 모래가 있었다. 인디언 푸에블로의 건축은 흙벽돌 기술이 얼마나 완벽할 수 있는가를 보여 주며, 타오스Taos에는 뾰족한 피라미드 형태의 우아한 계단식 주택이 있다. 흙벽돌은 잘린 볏짚과 혼합한 흙으로 칠해지거나 손으로 매끄럽게 압축된 알매흙으로 장식되었다. 지붕은 작은 나뭇가지로 덮고 다짐흙으로 마감했다. 이것은 주로 스페인계 멕시코의 벽돌 건축 발달에 도움을 주었다. 오늘날 이 지역에 있는 모든 나라에서는 문명의 거대한 발전과 함께 벽돌과 다짐흙벽이 주요한 건축 요소로 자리 잡혀 내려 오고 있다.

나바호Navaho 인디언의 계절용 숙소의 두 가지 형태인 호간hogan과 라마다ramada는 가족 단위의 임시 주거 중 견고한 만듦새의 전형적인 예이다. 이 중 호간은 라마다에 비해 좀 더 견고한 주거로서, 내부 지붕이 낮고 원룸식이며 진흙을 덮은 긴 움집이다. 호간에는 여러 유형이 있다. 가장 오래 된 원형은 끝이 갈라진 장대 세 개가 꼭대기에서 모이면서 서로 기대어 고정시킨 뒤 이 위를 흙으로 덮는 방식이다. 나중에 새로운 원형 주거가 생겨났는데, 이것이 가장 일반화된 유형으로, 끝이 갈라진 장대 네 개를 똑바로 세운 뒤 여기에 통나무를 촘촘히 걸쳐서 지붕 바닥과 경사벽을 만든다. 그 위는 흙을 덮어서 다진다. 이 흙은 비가 올 무렵 바구니에 담아 놓았던 것이기 때문에 응당 젖어 있다. 잠시 후 이 사막의 흙은 햇볕에 말라 매우 단단해지고 벽체와 지붕이 마치 회반죽을 바른 것처럼 된다. 실제로 호간의 실내는 낮과 밤의 기온 차이가 없어 매우 쾌적하다. 앞서 말했듯이, 외부와의 온도 차이가 두꺼운 진흙 덮개층의 열 취득과 열 손실 지연에 따라 24시간 내내 평형을 이루기 때문이다. 그래서 호간은 낮에는 외부보다 시원하고 밤에는 따뜻하다.

자칼Jacal은 마야인의 타원형 주택과 유사하며 멕시코 남부의 마을들에서 발견된다. 그곳의 거주자들 또한 원시적인 농경민으로 타착 인디언 부족의 후손들이다. 자칼은 직사각형으로 옥수수 줄기를 덩굴로 엮어서 짓는다. 지붕은 덩굴을 꼬아서 만든 박공 모양의 초가지붕이다. 자칼에는 창이 없으나 수직으로 된 줄기들 사이에 틈이 나 있어 시원한 산들바람이 오두막을 통과한다. 자칼의 바닥은 흙으로 다졌으며 실내로 들어가는 출입구는 하나이다. 무리 주거의 중심 부근에 있는 원형 곡물 창고는 안팎을 진흙으로 발라서 건조한 상태를 유지하고, 비가 들이치지 않도록 하기 위해 원뿔 모양의 초가지붕을 얹는다.

아메리카의 푸에블로Pueblo는 공동 반영구 주거의 예로서 매우 흥미롭고 아름답다. 아리조나와 뉴멕시코 주의 반사막 고원 지대에 사는 호피, 주니, 아코마 인디언들과 다른 푸에블로 인디언 부족들이 점토로 만든 집단 주거인 푸에블로에 거주한다. '푸에블로'는 많은 단위 주거들이 계단식으로 모인 여러 층의 건물군이다. 보통 이들 건물군은 하나 또는 여러 개의 광장을 감싸며 형성된다. 푸에블로 집단은 때로 100여 개의 방으로 구성되는데, 모두 같은 모양의 계단식 구조를 형성한다. 두터운 벽들은 점토 벽돌 또는 석재를 진흙 모르터 위에 쌓아서 만든다. 과거에는 주로 형틀 안에다 진흙을 다져서 만들었다. 두 방식 모두 외벽과 내벽은 진흙을 발라 마감한다. 또한 내부는 흰 점토를 바르거나 다양한 색상으로 장식한다. 직경 30센티미터 정도의 껍질을 벗긴 삼나무보는 벽체에 가로질러 놓고 거기에 작은 장대들을 서로 붙여 가로로 놓는다. 그 다음 삼나무 껍질과 곁가지, 풀들을 깔고 7.5~10센티미터 정도 두께로 점토를 덮는다.

아시아

고대 농업 문명의 후손인 약 4,000만 명의 중국 농촌 주민들은 땅을 파서 만든 동굴식 영구 주거에 살았다. 이 동굴은 스텝의 혹독한 겨울바람과 낮은 기온을 막아 주고 여름에는 시원함을 제공한다. 이 지역은 목재가 희소하기 때문에 지하 주거가 합리적인 은신처가 되어 준다. 이 지역의 흙은 스스로 지지되는 독특한 성질을 갖고 있는데, 바로 그 점을 이용한 점이 특징이다. 중국의 동굴 주거는 여러 개의 실로 이루어져 있는데 2~3대에 걸쳐 연속 사용되는 다른 대부분의 영구 주거들처럼 쾌적성과 위생성을 동시에 갖춘 매우 정교한 주거이다. 동굴 주거들은 두 가지 기본 유형으로 나눌 수 있다. 절벽면의 동굴은 단층면을 파고들어 만들고, 평평한 지하 주거는 지하를 파내어 만든다. 두 유형 모두 풍부하고 비옥한 흙이 많은 중국 북부와 북서부에서 자생적으로 건설되었다. 이 지역의 흙은 바람에 의해서 두껍게 퇴적된, 층을 이루지 않는 찰흙 성분의 흙으로 보통 석회질 실트와 섞여 있다. 게다가 공극이 많아서 간단한 도구로도 쉽게 파낼 수 있다. 보통 절벽면의 동굴 주거는 다수의 둥근 천장을 가진 방들로 구성되는데 평균적으로 폭 3미터, 깊이 6미터, 높이 3미터 정도이며, 흙 언덕의 남쪽 면에 터널을 뚫어 만든다. 방 하나를 뚫는 데 보통 40일이 소요된다. 그러나 벽면이 완전히 건조되기까지 3개월 이상이 걸린다. 둥근 천장은 바닥에서 약 2미터 높이에서 시작하며 실내 벽면 전체는 표면이 떨어지는 것을 막기 위해 흙을 바르거나, 흙과 석회를 섞어서 바른다. 때때로 벽돌이나 석재를 안쪽에 쌓아서 더욱 내구성 있는 벽면을 만든다. 만리장성도 원래는 단지 흙다짐벽이었으나 이후에 돌과 벽돌을 사용해 석벽의 형태로 하였다.

중국의 허난河南, 산시山西, 간쑤甘肅 지역에서는 천만 명도 넘는 사람들이 황토층을 파낸 수혈 주거에서 거주하고 있다. 내몽고, 쓰촨四川, 후난湖南, 허베이河北, 지린吉林의 농촌 주거 대부분은 흙벽돌, 칠하기, 흙다짐으로 건설됐다. 북동 지역에서는 일곱 기둥 사이에 장방형의 주택을 지었고, 저장浙江 지역에서는 중정이 있는 큰 거주지와 복층으로 된 흙다짐 주택을 지었다. 푸젠福建 지역 중앙 고원에는 중앙 원형 주택이 1954~1955년까지 존속되어 왔다.

인도 아대륙의 토착 도시 주거는 마당이나 정원이 있는 주택이다. 석재를 구할 수 없거나 운반하기에 너무 멀어서 경제성이 떨어지는 경우에는 벽돌로 쌓고, 상부층은 목재 골조에 점토나 흙벽돌을 채워서 짓는다. 지붕도 마찬가지로 평지붕에 흙을 덮거나, 지역에 따라 경사지붕에다 기와를 얹었다. 서민 주택의 경우, 바닥은 지면의 흙을 다진 그대로 사용했고 마당과 통행로와 물 쓰는 공간에만 바닥재를 깔았다.

일본은 목구조에 벽체를 대나무, 나무, 짚 등의 재료를 엮고 흙으로 발라 마무리하는 심벽 방식의 거주지가 발전했다. 그런데 일본의 가장 오래된 절 중 하나인 호류지法隆寺에서 흙다짐벽이 발견되었다. 임진왜란 때 끌려간 조선의 도공들이 도자기 산업을 발전시켰고, 그 영향으로 일본 건축에도 본격적으로 흙이 쓰였다고 알려져 있다.

고대 중동의 문명 아시리아, 바빌로니아, 페르시안, 수메리안 등의 지역은 흙으로 이루어졌다. 중동에는 라틴아메리카 전체에 걸쳐 아토비atobe라는 라틴 용어로 알려져 있는 아도비adobe 제작 기술이 발전되었고, 이 기술은 스페인에 전해졌다. 이란, 이라크 등 중동의 도시에서는 흙벽돌로 된 벽과 돔, 볼트, 아치 구조로 이루어진 흙지붕들을 쉽게 볼 수 있다. 중동의 흙으로 된 사막 정착지는 기후적인 이유로 태양의 열로부터 실내 공간을 보호하기 위해 최소한의 외부 표면을 가지고 있으며, 이로 인해 도시의 거주지는 조밀하게 모인 형태가 된다. 이러한 도시의 형태는 사하라 남부의 건조한 사바나 지역에까지 나타난다.

유럽

유럽에서 정착은 기원전 6000년 전에 시작된다. 에게해 그리스의 원시 주거인 테살리(Thessaly: Argissa, Nea-Nico-demia, Sesklo)는 나무와 흙으로 짜여졌으며, 이후에 흙벽돌로 발전했다. 세스클로Sesklo에는 흙벽돌에 마감칠을 한 주택이 발견되었다(기원전 4600년). 이 형태는 그리스 건축에서 주된 위치를 차지했던 메가론Megaron으로 발전했다. 이러한 건축 양식은 유럽 내륙으로 전해지게 되고 북쪽의 흙과 나무 구조물을 대체했다. 이것들은 청동기 시대(기원전 1800~270년)에 유럽 전역에 전해졌던 다뉴브Danube 문화의 전형적인 주택이다. 독일의 코른 린던탈Koln-Lindenthal에서는 네 개의 본당 회중석에 나무와 흙으로 지어진 오두막의 흔적이 발견되었는데, 이것들은 길이 25미터, 넓이 8미터나 되었다. 에게해의 미케네Mycenae에는 청동기 후기 도리안Dorian의 공격에 대비해 수많은 요새가 지어졌다. 거석으로 쌓은 벽들은 흙벽돌을 대체한다. 이 벽은 아크로폴리스 안에 있는 집들을 보호하기 위한 것이다. 같은 시대에 상대적으로 고립되어 있던 크레타Crete의 섬들은 미노안Minoan 문명이 발전하게 된다. 청동기 시대에 시작한 미노안 문명은 미케네 문명을 발현시켰고 후에는 미노안 문명과 미케네 문명을 에게해 문명이라 부르게 된다.

크노소스Knossos, 파이스토스Phaistos 그리고 말리아Mallia에서는 응회암, 편암, 대리석, 석고와 나무를 이음매로 하여 굽지 않은 벽돌을 사용했다. 그리고 이 재료들은 어두운 빨강, 짙은 파란색과 다양한 황토색으로 칠해졌다.

크레타 근처의 섬 테라Thera에 있는 아크로티리Acrotiri의 고고학적 발굴, 그리고 헤라클라이온Herakleion 박물관의 유명한 세라믹 모형은 미노안 중기(기원전 1900~1600년) 주거 건축에서 목구조의 중요성을 확인해 준다. 집은 1층 또는 2층으로 지어졌는데, 나무로 뼈대를 이루고 여기에 태양에 건조한 벽돌을 채워 넣은 후 미장으로 마무리하여 완성되었다.

그리스 본토에서, 도리아인의 침략 후 발생한 암흑 시기에는 작은 가지로 엮은 후 진흙으로 바르는 방식으로 되돌아갔다고 기록되어 있다. 그리스 중정 주택은 일반적으로 단층이었다. 그러나 때때로 큰 주택은 중정 내에 2개 층 회랑을 갖는 2층 구조물이었는데, 이런 점은 2천 년 전 우르의 주택과 유사하다. 집은 진흙이나 벽돌 또는 석재로 지었으며, 바닥은 흙을 강하게 다지거나 자갈 또는 정교하게 자른 돌을 사용하여 모자이크를 만들었다.

중세 기간 동안(13~17세기) 흙은 중유럽 전역에서 건축 재료로 광범위하게 사용되었다. 스페인은 흙건축이 전 지역에 광범위하게 퍼져 있고, 저비용에서 고비용의 건축까지 다양하게 이용되었다. 영국은 흙쌓기(cob) 방식이 많이 발달되었고, 흙주택의 흔적이 서부와 남부를 중심으로 전 지역에서 나타난다. 1300년경 중산층이 거주하던 가장 오래된 흙주택이 아직까지 남아 있고 그 벽의 두께는 75~78센티미터나 된다. 프랑스에서는 로마 점령기 초창기부터 2차 세계대전까지 지속적으로 흙건축이 이용되었고, 흙다짐벽으로 지어진 주택이 많이 발견된다. 흙다짐은 프랑스어로 PISE로 알려져 있으며, 15세기부터 19세기까지 널리 사용되었다. 현재 프랑스 남부 지역 농촌 주택 대부분은 흙다짐 방법으로 지어져 있다. 독일은 오랜 흙건축 전통을 지니고 있다. 목구조에 흙을 채워 넣는 방식이 주로 많이 발견되며, 목재가 풍부하지 않은 지역에서는 흙쌓기 방식이 많이 발견된다. 18세기에 흙건축은 독일 전역으로 광범위하게 퍼졌으며, 1828년 중유럽에서 가장 높은 흙다짐 건물이 지어졌다. 이밖에도 흙건축은 유럽 전역에 퍼져 있으며, 많은 흔적들이 남아 있다.

3

–

세계 인구의 30퍼센트가 흙건축에서 산다

근대 건물에 흙건축 기술을 도입하다

흙의 사용을 현대화하고 산업화하려는 최초의 시도는 200년 전인 18세기 후반에 일어났다. 근대 산업 사회가 시작되던 초기에도 오늘날 우리들이 부딪히는 것과 비슷한 문제들이 있었다. 프랑스에서는 흙건축에 대한 일련의 연구와 실험이 혁명 직전인 1772년에 프랑수아 꾸앵트로(Francois Cointeraux; 1740~1830년)가 흙다짐 건축술을 출판하면서 시작되었다. 그는 새로운 사회의 건설을 위해 사회 각 계층의 다양한 욕구를 수용하고, 농촌은 물론 도시의 주택에까지도 사용할 수 있게 흙을 써서 근대적인 건물을 세우는 연구와 실험을 접목시킨 최초의 건축가라 할 수 있다. 그는 당시 국가의 경제·사회적 위기를 해결하는 방법의 하나라고 보았던 흙다짐 공법의 현대화에 전 생애를 바쳤다. 그는 전통적 흙다짐 공법을 수정·보완하면 주택, 공공건물, 도시형 공장과 전원 건축 등 모든 형태의 건축에 적용 가능하다고 제안했다. 그의 생각은 여러 나라에 알려졌으며, 많은 제자들이 그의 생각을 따르고 실행했다. 영국의 홀랜드Holland와 바버Barber, 미국의 길만Gilman과 존슨Johnson, 독일의 길리Gilly, 사쉬Sachs, 콘라디Conradi, 엔젤Engel, 윈프Wimpf 등이 그의 제자들이다. 또한 많은 흙건축 옹호자들이 스칸디나비아 반도, 호주, 이탈리아 등에 그의 주장을 전하며 그의 저서들을 번역 출판했다.

또한, 20세기 산업 사회가 심각한 경제 위기를 겪고 있을 때, 혹은 전쟁으로 주택이 황폐해지고 건축 자재를 생산하던 공장이 파괴된 후, 대규모 재건 계획을 착수해야 했던 시기에 흙건축 관련 전문가들이 많이 배출되었다. 유럽에서는 1차 세계대전 이후 여러 나라에서 흙건축 계획이 세워졌으며, 미국에서도 1930년대의 경제공황으로 흙건축에 관한 실험 연구와 계획이 많이 이루어졌다. 이것은 흙벽돌의 재사용과 여러 지역 개발 계획을 고무시켰으며, 흙의 군사적 이용을 진작시켰다. 2차 세계대전을 통해 연합국과 동맹국은 여러 종류의 건물을 짓는 데 흙을 사용함으로써 물자 절약에 진력했다. 프랑스의 르 코르뷔지에, 독일의 알버트 스피어, 미국의 프랭크 로이드 라이트는 당시 다양하게 활동하던 유명한 건축가들로, 이들은 1940~1950년에 흙건축을 크게 발전시킨다.

이처럼 흙건축 활동은 전쟁으로 도시와 마을이 파괴되자 더욱 확산되었다. 영국, 프랑스, 서독 특히 동독에서는 흙을 사용하여 재건 사업을 시작했고 이런 추세는 1960년대까지 계속되었다. 동독은 북한과 같은 경제적 어려움에 처한 다른 사회주의 국가들에게 흙건축 기술을 보급했다. 그리고 세계대전 이후 유럽의 식민지 국가들에서 독립운동이 일어나면서 서구적 방식을 거부하고 자신들의 문화적 주체성을 찾으려는 현상이 나타났다. 건축에 있어서도 서구 기술의 도입을 강력하게 반대하고, 흙건축의 역사적·대중적 전통을 부활하여 현대화시킨 건축가로 이집트의 하싼 화티Hassan Fathy가 대표적이다. 그의 시험적 마을인 이집트 구르나 마을New Gourna은 문화적 상징이 되었고, 서구의 젊은 건축가들은 하싼 화티를 정신적 지도자로 추앙했다.

또한, 자국의 자원에만 의존하고자 하는 정치적·경제적 결정을 내린 중국은 1950년대와 1960년대에 댐에서 인민공사본부에 이르기까지 모든 건축물을 흙으로 건설했다. UN도 많은 식민지 국가들이 자국의 독립을 주장하던 1950년대의 위기에 경제적으로 미개발된 국가들에게 흙건축을 권장했다. 1950년대와 1960년대 라틴아메리카, 아프리카, 중동에서는 주로 경제적 위기와 인구 증가에 대처하기 위해 도시와 농촌에 많은 흙건축을 건설했다.

사회적 필요로 흙건축이 재조명되다

1973년 에너지 파동이 제3 세계의 석유 수입국뿐만 아니라 서구 국가들에게도 타격을 주었다. 당시 자국의 경제적·정치적 독립을 지키기를 원하는 나라들은 에너지 관리가 거의 강박관념에 사로잡힐 정도로 중대한 문제였다. 이와 동시에 서구에서는 심각한 경제적 난국, 즉 대규모의 실업과 생태학적 위기 등이 대두되면서, 1970년대 후반과 1980년대 초 이 유서 깊은 기술이 세계 전역에서 관심을 높이 샀다. 특히 건축가, 엔지니어, 정부, 잠재 수요자들은 흙건축의 현대화와 확산에 대한 관심이 강렬했다.

에너지와 경제 위기에 직면한 산업 국가들에서는 건물 재료로서 흙의 재사용을 논의했고, 흙의 연구 프로그램과 개발에 지원하기 시작했다. 미국은 지역과 국가의 흙건축 기술 표준을 통합해 흙벽돌과 흙다짐 사용을 공식적으로 인정했고 흙의 열 특성 연구 프로그램에도 수백만 달러를 투자했다. 프랑스는 미래 건축 재료로서 흙에 집중되어야 할 연구 계획을 수립하여 약 2,400만 프랑의 예산이 우선적으로 집행되었고, 예산의 83퍼센트는 연구와 교육에 쓰였다. 이러한 연구와 개발을 토대로 1982년 리옹 근처의 일다보 지역에 주택 72개로 이루어진 현대적인 흙건축 마을(Domaine de la terre)을 건설했다. 이러한 연구 프로그램은 독일, 스위스, 벨기에 등 유럽의 여러 나라에서도 진행되었다. 각 국가와 국제적 기구들은 건설 기술자와 건축 교육 전문가들을 계속 배출할 수 있게 협력하고 있다. 실제로 프랑스 그르노블 건축학교의 흙건축연구소인 크라떼르CRATerre에서는 대학원 수준의 흙건축 전문가들이 배출되고 있고, 이들이 전 세계에서 활동하고 있다.

또한 개발도상국에서 흙건축은 일자리 창출, 건설 기술자와 기능공의 교육, 지역적 재료 이용 등을 촉진시키며 짧은 시간 내에 많은 사람들의 거주지를 확보할 수 있는 효과적인 수단으로 등장했다. “재료는 그 자체로는 매력적이지 않으나 전체로 보면 사회를 위해 매력적인 역할을 할 수 있다.”라는 말처럼 흙을 이용한 건축은 다양한 사회적 역할을 훌륭히 수행하고 있다.

개발도상국 인구의 50퍼센트가 흙건축에서 생활한다

1980년대 초 조사에 따르면, 세계 인구의 30퍼센트인 약 15억 인구가 흙으로 지어진 거주지에서 산다고 한다. 개발도상국만을 대상으로 좁히면, 인구의 50퍼센트가 흙건축에서 생활한다고 조사되었다. 흙건축의 분포를 나타낸 다음 쪽의 그림10을 보면, 흙건축이 일부 지역에 국한된 게 아니라, 전 세계적으로 분포함을 알 수 있다.

아프리카의 여러 나라에서는 단순한 주택뿐만 아니라 시청 건물, 법원, 도서관 등 공공시설에 흙건축을 적용했다. 토속적인 심벽 구조체를 발전시키고 흙건축을 적용하여 자연적인 환경과 조화를 이루는 공공시설이 늘어났다. 또한 흙건축이 시급한 주택 보급에도 매우 효과적인 대안으로 자리 잡고 있다. 지금도 대규모의 주거 단지를 압축 흙벽돌을 이용하여 경제적으로 짓는다. 주택 한 채를 짓는 데 평균 80~100달러 정도 들어가는 농촌에서는 흙건축이 도심보다 더욱 더 경제적이고 활발하다. 이는 지역적인 특성을 가미한 건축이라는 점에서 또 다른 의미를 부여할 수 있다. 아프리카 대륙에서는 대부분의 시골뿐만 아니라 도심의 주거까지도 반코(banco, 서아프리카), 토비(thobe, 이집트와 북아프리카), 다가(dagga, 남동아프리카), 레우(leuh, 모로코) 등과 같은 다양한 명칭의 흙건축 공법으로 지어졌다. 르완다 수도 킹갈리에서는 도시의 건축 중 38퍼센트가 심벽 방법으로 세워졌다. 이렇게 알려진 여러 흙건축 공법의 명칭은 선사시대 이래로 인류에게 흙기술과 관련한 매우 세밀한 지식과 다양한 기술이 있었음을 반영한다.

인도에서는 1971년 조사에서 거주지의 72.2퍼센트가 흙으로 되어 있다는 결과가 나왔다. 이 수치는 당시에 약 3억 7천 5백만 명, 즉 6천 7백만 가구가 흙건축에 거주함을 나타낸다.

유럽에서는 스웨덴, 덴마크, 독일, 영국, 스페인, 포르투갈, 프랑스 등의 농촌 지방에 흙건축 공법들이 유지되고 있다. 특히, 프랑스에서는 인구의 15퍼센트가 농촌에서 사는데 대부분 흙다짐, 흙벽돌, 흙칠하기로 건설된 주거지에서 살고 있다.

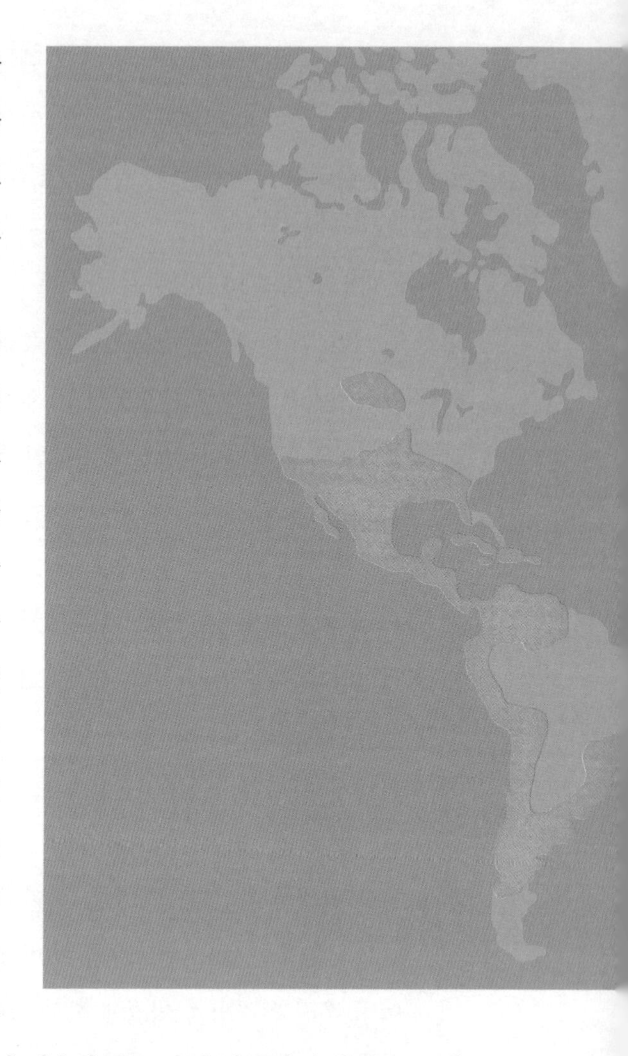

북아메리카 남서쪽 지방에서는 건물 재료로써 흙벽돌의 인기가 커지고 있다. 1980년 미국에서는 176,000가구의 주거지가 흙으로 건설되었고 이중 97퍼센트는 남서쪽에 위치한다. 캘리포니아에서는 흙벽돌의 수요가 매년 30퍼센트씩 증가하고 있고, 뉴멕시코에서는 48개의 흙벽돌 공장에서 매년 4백만 장 이상의 흙벽돌을 생산한다. 이곳에서는 매년 비슷한 규모의 흙벽돌이 수작업으로 생산되고 있다고 추정하고 있다. 또한 페루 건축의 60퍼센트가 흙벽돌과 담틀 공법으로 세워졌다고 한다. 페루의 코레오Correo신문의 1978년 1월 30일자를 보면 "흙벽돌은 페루 건축의 파수병이 될 것이다."라고 천명을 하면서, 체계적인 연구를 바탕으로 흙벽돌을 이용한 다양한 건축물들을 짓고 있다고 소개하고 있다.

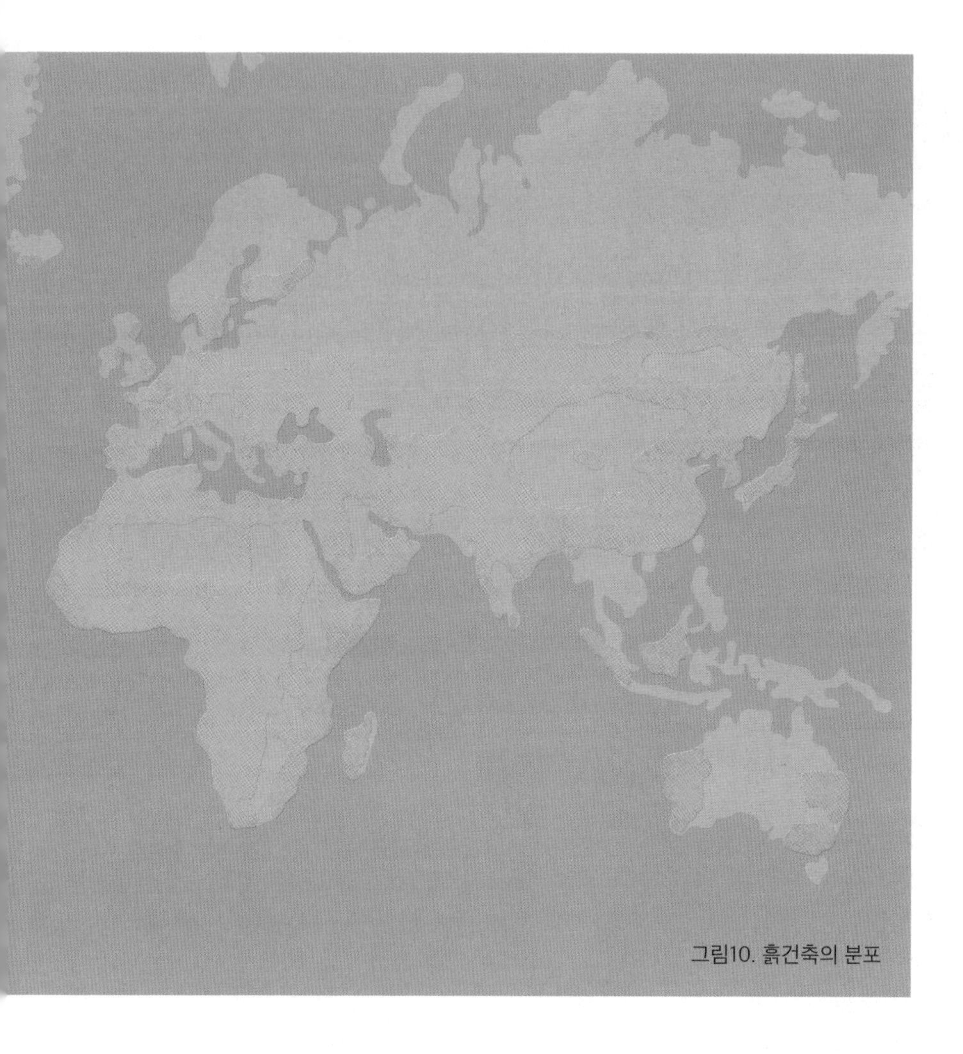

그림10. 흙건축의 분포

흙은 미래의 건축 소재이다

유네스코UNESCO는 흙건축 문화유산의 보존과 유지를 위해 그 연구와 교육을 주도한다. 아프리카 흙건축 유산의 보존 활동인 '아프리카 2009'와 같은 프로젝트를 열어서, 세계 흩어져 있는 흙건축 기관들을 서로 연결하고 교류할 수 있는 장을 넓히고 있다. 이러한 활동

그림11. 아프리카 2009. 아프리카의 흙건축 문화, 기술 등의 보존 유지를 목적으로 유네스코에서 시행하는 프로젝트 (출처_craterre.hypotheses.org)

은 단순한 문화유산 보존의 차원을 넘어서 각국의 정치와 사회적 상황에 대한 이해, 그리고 각국의 고유한 문화가 어울릴 수 있는 기회를 제공한다.

프랑스에서는 1982년 쟝 드디에Jean dethier가 주도하여 퐁피두센터 전시 등 파리 흙집에 관한 다양한 프로그램으로 흙집에 대한 인식을 바꾸었다. 쟝 드디에는 그레노블건축학교 CRATerre연구소의 파트리스 도아Patrice doat, 유고 유벤Hugo Huben, 위벡 기요Hubert Guillaud와 함께 시 당국의 협조를 받아서 일다보 마을을 흙건축 프로젝트 지역으로 선정하고 적극적으로 개발했다. 이로써 흙도 건물을 지탱하는 주건축 재료로서 산업적으로 이용할 수 있다는 주장을 현실화했다.

이후 각국의 관련 기술자들이 대규모로 흙건축 마을을 방문했는데 처음 5년 동안만도 공식 방문자가 무려 4만4천 명에 달했다. 프랑스 내 툴루즈, 렌느, 렝스 지역 등에서도 서민 주택 단지를 중심으로 흙건축이 이루어졌다. 이후 각국에 흙건축 시도가 전파되었고, 특히 프랑스 정부가 아프리카 44개국 대사를 초청, 흙건축 프로젝트를 소개하여 선진국에서도 흙건축이 이루어지고 있음을 알렸다. 그 결과 아프리카에서 수천 개의 프로젝트가 만들어졌다. 특히, 유네스코와 함께 진행하는 '아프리카 2009' 프로젝트는 아프리카 30여 개국의 역사적 기념물을 보존하기 위한 것이었는데, 이 프로젝트로 인해 고용 창출 효과도 있었다고 한다.

독일은 카셀Kassel 대학교 게노트 민케Gernot Minke 교수를 중심으로 하여 실용적 흙집 건축을 시도해 왔다. 민케 교수는 자신의 집과 이웃의 집을 현대적 감각의 흙집으로 건축했고, 그가 참여한 주변의 목조집과 아울러 카셀 지역의 생태 마을은 지금도 많은 관심을 받고 있다. 또한 하노버에 있는 발도르프 유치원을 흙으로 지음으로써 어린이의 건강을 우려하는 학부모들의 지지를 받았다. 실제 이 유치원에 다니는 아이들은 호흡기 질환 등 잔병치레가 없다고 한다.

독일의 흙건축 관심은 주로 내장재에 있는데, 인체에 유익하다는 판단을 받아 많은 수요를 창출하고 있다. 이러한 흙 제품을 제조하는 회사가 10곳 이상이나 되며, 대형 판매상도 60여 곳이 넘는다.

미국에서는 아주 다양한 흙건축이 이루어지고 있다. 싼타페 지역의 호텔이나 교회, 집들은 대개 4~5층 정도 규모의 흙건축물로 많은 관광객들이 실제로 애용하고 있다.

근래에 들어서 데이비드 이스턴Davide Eastern은 흙을 건축에 이용하는 새로운 방법들(흙다짐 기계나 흙 뿜칠 기계를 이용한 흙집 시공법)을 고안하여 수십 채의 현대적 흙집을 지었고 흙집의 상업화에도 성공했다. 또한 릭 조이Rick Joy 같은 건축가는 다양한 형태의 흙건축을 시도하고 그 결과를 담은 작품집을 출간함으로써 흙건축이 도달할 수 있는 예술적 성취를 보여 주었다.

흙이 많아서, 오래전부터 구운 벽돌을 써 온 호주는 근래에 흙을 이용한 건축이 활발하다. 쿠랄빈Kooralbyn호텔은 흙으로 지어진 휴양 리조트인데, 이와 유사한 흙다짐을 이용한 큰 규모의 흙건축이 다양하고 그 기술적 성취도 높다. 또한 다양한 형태의 흙건축과 볏단을 이용한 흙집(straw bale)도 활발하게 짓고 있다.

이제, 흙은 과거의 약하고 후줄근한 재료에서 미래의 새로운 재료로 재인식되고 있다. 그럼에도 흙으로도 현대적 집을 지을 수 있다는 것을 보여 주기는 하지만, 아직은 흙이 가진 한계로 인해 그 건축 범위가 제한적이다. 그럼에도 여러 나라들에서 아주 다양하고 예술성 높은 건축을 구현하고자 흙의 여러 단점을 보완한 재료와 기술 개발에 박차를 가하고 있다.

흙은 앞으로도 가장 유용하게 쓰일 건축적인 재료임에는 분명하다. 흙은 문명의 발상과 함께 우리 곁에서 주거를 위한 중요한 소재로서 존재해 왔고 그 소임을 지금도 묵묵히 해내고 있다. 다만 흙의 무한한 잠재력을 무시하고 철과 콘크리트만이 진보와 발전의 대명사라고 여기는 섣부른 판단을 버리고, 체계적이고 과학적인 연구와 기술 개발에 주력한다면 흙은 다시 그 역할을 충분히 해낼 것이다. 흙건축은 더 이상 가능성으로만 존재하지 않는다. 이미 실제하고 있고 항상 우리의 따스한 손길과 관심을 기다리고 있다.

4

전통기술의 현대적 적용과 비전을 연구하다

흙건축과 관련해 조직화된 세계적인 학술 단체는 아직까지 없으며, 정기적으로 발간되는 학술지 또한 없다. 유네스코 등의 몇몇 기관과 단체에서 문화유산 보존을 위해 흙건축 활동을 펼치고 있긴 하나 대부분은 지역적으로 이루어지고 있으며, 흙으로 된 유적지나 건축 구조물을 보존하고 복원하는 연구들이 대부분이다. 그러므로 세계 각지에 흩어져 있는 연구 내용을 일일이 다 분석하여 연구 동향을 살피기란 쉬운 일이 아니다. 그래서 여기에서는 흙건축과 관련해서 유일한 국제 학술회의인 TERRA를 통해 발표된 논문들을 조사, 분석하여 세계 흙건축 연구에 관한 전반적인 동향을 살펴보고자 한다.

시기에 따라 두 부분으로 나누어 연구 동향을 살펴보았다. 총 여덟 번의 국제 학술회의 중 2000년 이전에 열렸던 일곱 번의 국제 학술회의에서 발표된 논문들을 통해 과거에 이루어졌던 연구의 동향을 살펴보았고, 지난 2000년에 개최된 국제 학술대회인 영국의 8차 국제 학술회의의 논문들로 최근 연구 동향을 살펴보았다.

20세기 연구 동향

지난 20세기에는 1972년을 시작으로 총 일곱 번에 걸쳐 국제 학술회의가 개최되었다. 지난 일곱 번의 국제 학술회의의 논문 발표 숫자를 살펴보면 1972년 이란에서 11편, 1976년 이란에서 14편, 1980년 터키에서 16편, 1983년 페루에서 16편, 1987년 이탈리아에서 11편, 1990년 미국에서 76편, 1993년 포르투갈에서 110편으로, 총 254편이 발표되었다.(그림12)

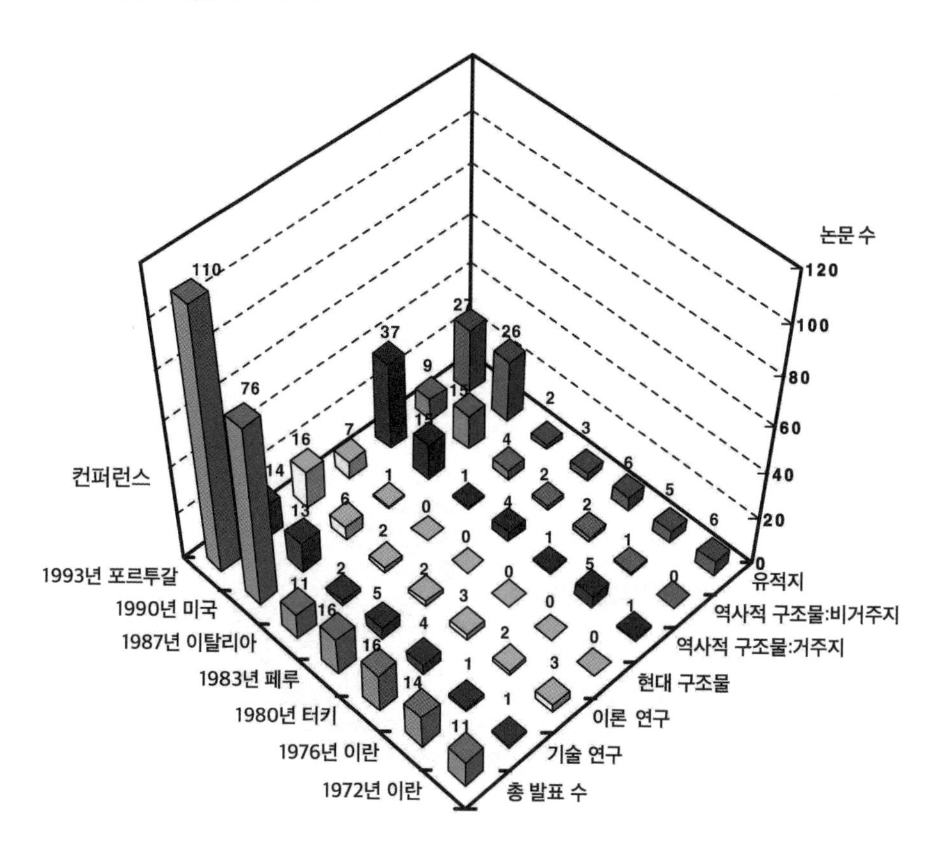

그림12. 시기별 논문 발표 수와 연구 내용

학술회의가 최초로 개최된 1970년대는 오일쇼크로 인한 에너지 위기 등 산업화로 인한 문제가 본격적으로 발생했고 문화유산의 복원에 관심이 고조되던 시기였다. 이런 시대적 배경과 맞물려 1972년 이란에서 흙건축 국제 학술회의가 최초로 개최된 것으로 보인다.

1970~1980년대에 개최된 다섯 번의 국제 학술회의에서는 발표된 논문의 숫자가 적었으나, 1990년대 들어 개최된 두 번의 국제 학술회의에서는 논문 발표 수가 급격히 증가했다. 이것은 시간이 흐를수록 흙건축에 대한 관심이 높아지고 있음을 알 수 있다. 이는 1990년대는 공업화로 인한 환경 문제가 심각해지면서 건축적 대안으로 흙건축에 관심이 더욱 증가했고, 지역적으로 활동하던 관련 전문가들이 본격적으로 국제 학술회의에 참가하면서 논문의 양이 급격히 증가한 것으로 보인다. 이렇듯 논문 발표 숫자만을 놓고 봤을 때 흙건축 활동은 20세기 후반부에 접어들어 에너지, 자원 고갈, 환경 문제 등의 사회적 문제들을 배경으로 연구 활동이 점점 활발해지고 있음을 알

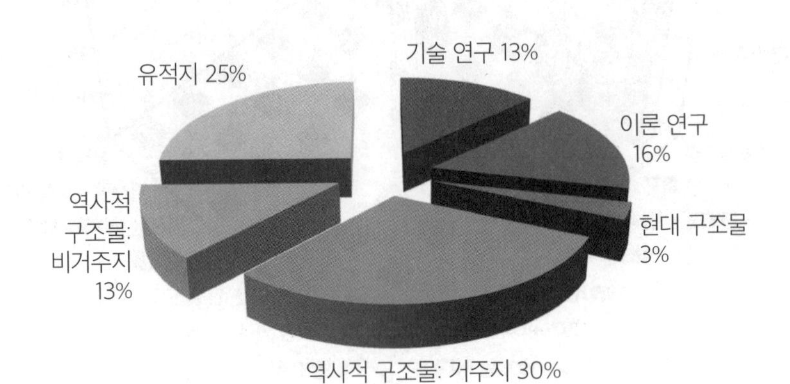

그림13. 연구 유형: 종류

수 있다.

지난 20세기에는 산업화로 인해 흙건축이 잊혀졌고 산업화로부터 발생되는 문제로 인해 흙건축이 다시 시작되기도 했다. 일련의 과정을 거치며 흙건축은 새로운 기술 발전 기회를 잃었고 대표적 현대 공업 재료인 시멘트나 철에 비해 많은 연구가 이루어지지 않았으나, 현대 건축의 대안으로서 관심을 끌고 연구가 지속적으로 이루어지고 있다.

국제 학술회의에서 발표된 연구들 중 71퍼센트가 현장 사례 연구로 나타났다. 그 내용들을 살펴보면 유적지(30퍼센트), 역사적 구조물(38퍼센트), 현대 구조물(3퍼센트) 등으로 주로 전통적인 건축물에 대한 연구들이었다. 처음 세 번의 회의에서 유적지에 관한 내용들이 상대적으로 많이 발표되었고 1990년대 접어들면서 역사적 구조물의 사례 연구들이 늘어났다. 이와 더불어 이론이나 기술에 관한 연구들도 이루어지면서 흙 연구가 다양해지는 것으로 나타났다.(그림13)

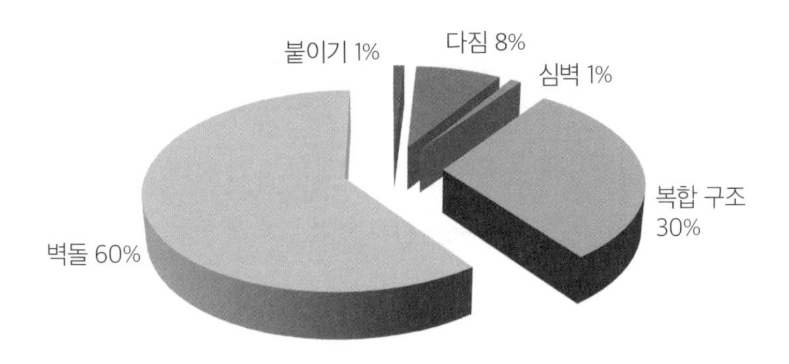

그림14. 연구 유형: 공법

흙건축 공법별(벽돌, 다짐, 심벽, 붙이기, 복합) 연구 경향을 살펴보면, 모든 연구의 대부분(60퍼센트)이 흙벽돌을 다루었고 그밖에 복합 구조 30퍼센트, 다짐 8퍼센트, 심벽 1퍼센트, 붙이기 1퍼센트로 나타났다. 흙건축 공법 중에서 흙벽돌에 관한 연구가 압도적으로 많았는데 이는 흙벽돌이 과거 건축에서 가장 많이 이용되던 재료 중 하나였고 현재에도 건축 공사에 다양한 방법으로 손쉽게 사용할 수 있어서 연구가 많은 것으로 보인다.(그림14)

TERRA(국제 학술회의)의 주된 목적이 문화유산의 보존과 유지인 만큼 연구 대상들이 새로운 기술이나 재료 개발을 통한 관련 분야의 발전보다는 주로 잊혀졌던 흙 관련 문화유산 복원과 관계된 연구들이 많았다. 특히, 잊혀졌던 전통적인 방법들의 구현을 통해 흙 관련 문화유산을 보수하고 유지했고, 이때 파생되는 연구 결과들은 미래 흙건축의 가능성들을 보여 줬다.

21세기 연구 동향

새로운 세기를 맞아 2000년 영국에서 열린 국제 학술회의는 1993년 미국에서 열린 후 7년 만에 이전과 같이 국제 기념물 유적 협의회(ICOMOS)의 원조하에 흙 문화유산의 보존과 유지 관리에 관한 내용으로 개최되었다. 국제 학술회의 기간 동안 빠르게 변하고 있는 흙건축 분야의 미래 동향과 비전에 관한 정보를 나누고 현재 실행되고 있는 흙건축에 대한 비평을 실시하며 서로의 경험을 공유했다.

발표된 논문 수는 구두 발표 78편, 포스터 발표 19편 등 총 97편이 발표되었다. 1993년 미국에서 열렸던 국제 학술회의 때보다 논문 발

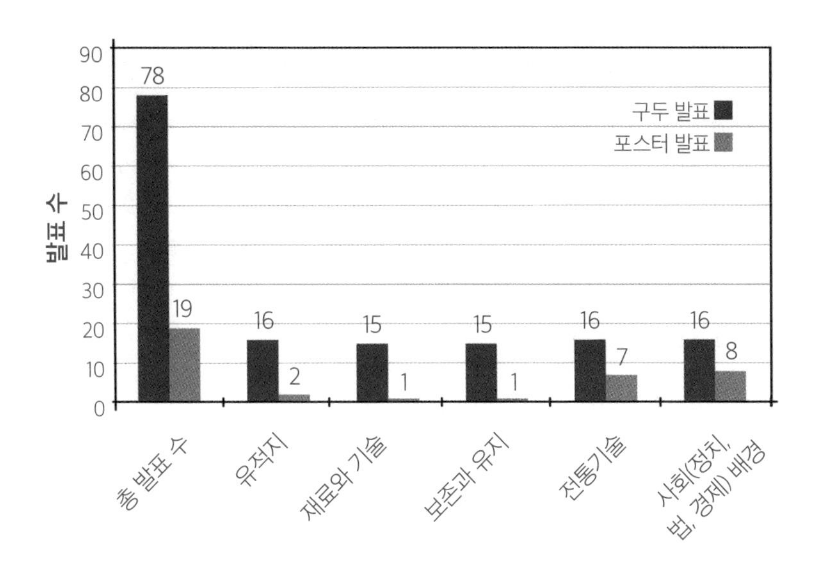

그림15. 2000년 국제 학술대회 발표 논문

표 수는 약간 줄어들었으나 연구 주제와 내용은 더욱 다양해졌다. 여전히 흙건축 문화유산 보존과 유지에 관한 내용들이 많이 발표되었으며, 재료와 기술, 사회적 배경(정치, 법, 경제) 등의 다양한 연구 내용이 발표되었다. 테라Terra 2000의 학술 프로그램은 유적지, 재료와 기술, 보존과 유지, 전통 기술, 사회적 배경 등의 테마로 이루어져 있다. 각 테마 별 발표 편수를 살펴보면, 유적지가 구두 16편 포스터 2편, 재료와 기술이 구두 15편 포스터 1편, 보존과 유지가 구두 15편 포스터 1편, 전통기술이 구두 16편 포스터 7편, 사회적 배경으로 구두 16편 포스터 8편이 발표되었다. 과거 학술대회와는 달리 어떤 한 분야에 발표가 편중되지 않고 전 분야에 걸쳐 골고루 연구가 진행되었음을 알 수 있다. 이전 연구가 전통적 관점에서 흙의 건축 재료적 특성을 중심으로 흙건축 문화유산의 보존과 유지를 주로 했다면, 이번 연구는 전통기술을 현대에 적용하는 개선에 중점을 두었다. 특히 흙건축과 관련한 사회적 배경(정치, 법, 경제 등)을 살펴봄으로써 흙건축을 보다 다양한 관점에서 보고, 현재와 미래의 흙건축 비전을 넓히는 연구들이 많아졌다. (그림15)

사회가 급속히 변화함에 따라 앞으로의 연구는 더욱 다양해질 것으로 보이고 전통적 가치에 바탕을 둔 흙건축의 개념에서 현대에 사용할 수 있는 전통과 결합된 최적 기술에 관한 연구가 더욱 가속이 붙을 것으로 보인다.

5

우리는 벽체, 지붕, 바닥을 흙으로 빚어 왔다

주거의 역사

한반도에서 가장 오래된 인류의 흔적은 평양 상원군에서 발굴된 검은모루 유적이라고 한다. 이 유적은 북한 측 주장에 따르면 60~40만 년 전 정도의 것이라고 하여 전기 구석기인이 살았다고 믿어진다. 이 시기의 인류는 곧선사람으로서 주먹도끼를 만들어 사용했고, 불을 능숙하게 사용했으며, 수렵이나 채집으로 생활을 영위하면서 계절에 따라 거주지를 옮겨 다니는 이동 생활을 했다고 추정된다. 한반도 구석기인들의 유적은 주로 자연 동굴이나 바위 그늘 등에서 발견되고 있다. 이를 근거로 구석기인들은 아직 인공적인 주거가 아닌 자연 동굴이나 바위 그늘 등 자연적으로 주어진 은신처에 일시적인 거처를 만들었다고 알려져 왔다. 따라서 대부분의 주거사 학자들은 인공 주거의 고고학적 증거가 발견되는 신석기 시대를 한국 주거사의 출발점으로 생각해 왔다.

그러나 세계적인 유적으로 볼 때, 이 시기의 사람들도 지역에 따라서는 일찍부터 인공적인 주거를 만들어 이용했다. 지금까지 보고된 세계 최고의 한데 집터는 동아프리카의 탄자니아에 있는 올드바이 계곡의 원형 돌들림(stone-circle) 유구이다. 이 유구는 연대 측정 결과 185만 년 전의 것으로 밝혀져 인공 주거의 건설이 이미 구석기 전기에 시작되었음을 보여 준다. 물론 구석기 시대에 인공 주거가 만들어졌다고 해도 이는 정착형 주거가 아닌 일시적인 거처로서 매우 단순하고 취약한 구조체였을 것으로 짐작된다. 원초적인 단계에서는 살아 있는 나무의 가지를 묶어 지붕을 만들었을 것이다. 이것을 응용하면 가느다란 나뭇가지를 꺾어 땅에 박고 윗부분을 묶는 방법으로 발전할 수 있다. 한 단계 더 나아가 나뭇가지를 삼발이 형식으로 묶어 세우는 형식이 만들어졌을 것이다. 이러한 구조체들은 현존하는 원시 부족들의 주거에서 찾아볼 수 있다.

기원전 약 5000년쯤부터 한반도에는 신석기 주민이 들어와 살기 시작했다. 신석기 시대의 가장 큰 변화는 식량 생산을 시작했다는 점이다. 어로 생활은 신석기인들의 주요한 식량 생산 방법이었다. 그들은 정교한 낚싯바늘까지 만들어 어로 작업에 사용했다. 기원전 3000년경에 이르러서는 농경의 증거도 나타난다. 물론 당시의 농경은 원시적인 수준이었겠지만 농경의 시작과 함께 정착 생활이 유도되었을 것으로 보인다. 이러한 도구와 생활의 변화는 주거 문화에도 혁신적인 변화를 가져오게 된다.

오산리 집터는 기원전 6000~5000년대의 것으로서 현재까지 발견된 유적 중에서 가장 오래된 신석기 시대 유적으로 확인되었다. 이곳에서는 모두 8기의 집터가 발견되었는데, 원형과 원형에 가까운 타원형의 평면이다. 그 면적이 30제곱미터 남짓이어서 일곱 명 정도가 거주했을 것으로 추정된다. 움의 중앙에는 돌을 돌린 화덕 자리가 있고, 바닥은 3~10센티미터 두께로 점토를 다진 후 불을 놓아 단단하게 했는데 이것은 바닥에서 올라오는 습기를 차단하기 위한 방법이라 할 수 있다. 오산리의 집터는 움집이나 반움집이 아닌 지상 주거로서 당시 주민들이 계절을 단위로 한 일종의 계절 주거 형태를 취했을 가능성이 있다고 해석된다. 즉, 따뜻한 계절에만 잠시 머물렀던 일시적 거처였을 가능성이 높다. 이러한 주거의 연대나 그 모습으로 추정할 때 움집이 발달하기 이전의 일시적인 거처로서 이러한 막집형 주거가 건설되었음을 시사해 준다.

오산리 집터를 제외한 신석기 집터의 대부분은 움집의 형태로 나타난다. 물론 춘천 교동, 단양 상시, 의주 미송리 등에서는 동굴 거처가 발견되었지만 이는 극히 예외적이라고 생각된다. 이 시기 주거 형태는 암사동, 궁산리, 지탑리, 미사리 등의 집터에서 보여지듯이 움집이 일반적이었다고 할 수 있다. 움집은 바닥면이 지표 이하이기 때문에 추운 겨울 기후에 효과적으로 대응할 수 있는 주거 형태이다. 지중 온도는 지하 심도가 깊을수록 겨울에는 외기 온도나 지표면 온도보다 다소 높아지고, 여름에는 그 반대로 낮아지는 타임랙Time-lag 현상을 보인다. 지하 60센티미터 이하의 지중 온도는 계절적 온도 변화의 영향만 나타나기 때문에 바닥이 깊은 움집은 혹독한 겨울 기후에 대응하기 쉬웠을 것이다. 실제로 암사동에서 깊이 70센티미터가 되는 움집의 경우를 실험 조사한 결과 난방을 하지 않은 상태에서 외기 온도가 영하로 내려갈 때 온도 차가 약 5~6℃ 정도로 실내가 따뜻했음이 확인되기도 했다.

부위별 흙건축의 역사

1) 개요

흙은 우리나라 어디에서든 손쉽게 구할 수 있는 재료로 아마도 아주 오래전부터 다양한 형태로 사용되었을 것이다. 우리나라의 대표적 민가 형태인 초가집은 거의 흙으로 토벽을 치는 토담집이다. 우리나라의 흙집은 오랜 시일에 걸쳐 시행착오를 겪으면서 한국적인 정서를 완벽하게 수용하면서 토담집으로 남았다. 그것은 질이 좋은 흙이 곳곳에서 났기 때문이다. 지붕에 두터운 보토를 깔았고, 담벼락은 흙으로 빚었으며, 토방이나 기단, 부엌이나 봉당의 잘 다져진 흙바닥, 아궁이를 설치한 부뚜막이나 온돌바닥 등을 생각하면 철저하게 흙으로 빚어 낸 살림집이다.

우리 전통 건축이 대부분 목구조였다는 생각은 오해의 소지가 상당히 있어 보인다. 서민들의 집인 민가는 조선시대까지 대다수의 백성들이 전부 목구조의 집에서 살았다는 증거가 없다. 역으로 모두 토담집에서 살았다는 기록도 없다. 일제시대에 오랜 기간 출간되었던 건축 잡지에 대한 연구들이 다분히 구한말에 접할 수 있었던 몇몇 물증에 근거함을 돌이켜 볼 때, 전통 민가의 주종을 오직 목구조라고 단언하기에는 불충분하다. 19세기 신분의 혼란이 있기 전까지는 아마도 노비들은 물론 평민들까지도 대다수가 완벽한 목구조보다는 최소한의 목구조에 토담으로 형성된 집에 거주했을 가능성이 커 보인다. 대목이나 소목의 품을 대며 살 집을 마련한다는 것이 손쉬운 일이 아니었다고 추측되기 때문이다.

2) 흙건축 정착 과정

① 벽체

수혈竪穴 주거지의 벽체 시설은 수혈벽과 수혈외벽, 상면에서 확인할 수 있다. 수혈벽과 수혈외벽은 벽체의 재료에 따라 토벽, 판벽, 초벽 등으로 구분할 수 있다.[122] 토벽은 수혈외벽에 설치되며, 사질실트나 점토를 주재료로 다져서 단단히 쌓은 벽이다. 판벽은 측벽에 판자를 이용한 벽인데, 수혈벽의 판벽은 주구 또는 벽구직하에서 수직으로 세웠을 것이다. 평지 주거에서 인정되는, 구상유구가 검출되는 점에서 수혈외벽에 판벽을 썼다고 추측된다. 초벽은 식물섬유를 써서 거적을 만들어 이용한 벽이다. 수혈부벽을 따라 설치된 초벽, 그리고 수혈외벽으로써 초벽을 세웠다고 보인다.

유적에서 발굴되는 벽체는 설치 방법에 따라 크게 여섯 가지로 구분된다.[123]

화점벽: 외견상 수혈 주거의 모습이더라도 내부에 지상으로 돌출된 벽을 가지는 경우이다. 어깨선을 따라 판재나 가는 기둥을 촘촘히 박아 벽을 세우는 형태와, 샛기둥을 박고 그 사이에 판재를 가로로 놓아 벽을 세우는 형태가 가능하다.

귀틀벽: 벽 자체가 상부의 하중을 받는 구조체로 기능하는 형태이다. 가공하지 않은 원목을 횡으로 쌓아서 벽체를 형성한다.

122 高橋泰子·多ケ谷香理, 「竪穴住居に關する基本的用語の定義」, 『土壁』 第2號. 1998.

123 조형래, 「수혈 주거의 벽과 벽구에 관한 연구」, 부산대 건축공학과 석사 학위 논문. 1996.

토벽: 구조적으로 상부의 하중을 지탱해 주는 내력벽으로서 역할을 하며, 흙과 돌을 쌓아서 만든 벽이다. 수혈 주거의 어깨선을 따라 돌과 흙더미가 검출되면 토벽이 있었다고 볼 수 있다. 벽체를 만드는 재료나 구법은 전통 주거에서 볼 수 있는 토담집의 경우와 크게 다르지 않아 보인다.

목골벽: 목재 기둥으로 벽의 골격을 짜고 그 사이를 흙이나 잔가지 등의 재료로 마감한 형태이다.

판벽: 벽이 구조적인 역할을 하지 않는 경우이다. 세로판벽이나 가로판벽 등의 목벽을 세웠을 만한 주거지에서 볼 수 있다. 주혈이 수혈부벽에서 일정 거리 떨어진 바닥 내부에 정연하게 나 있다는 점과 벽구가 나타난다는 점이 특이하다.

기타벽: 내부 칸막이벽이나 전통 민가에서 보이는 가적벽, 울릉도 투망집의 초벽 등이 있다.

흙집의 정착은 벽체의 발생과 관련이 깊다. 철제 도구가 보급되면서 기원전에 흙집이 발생하고 그 보편화가 이루어졌다고 생각되지만, 중국 사료의 기록에 따르면 벽체 발생은 기원후가 확실하다. 벽체의 구성은 수혈 주거, 고상 주거, 귀틀집으로 구분해서 볼 수 있다. 나무와 흙으로 벽체를 구성한 귀틀집은 백두대간을 중심으로 한 강원도 지역에서 볼 수 있다. 서민 거주 형태를 살펴보면, 벽체는 외형상 확실하게 구성되었고 흙집의 기본 요소로 자리 잡혀 발전했다. 특히, 흙집에서 아궁이가 밖으로 나가는 전면 온돌은 늦어도 고려 중기에 시작된 것으로 보고 있다.

민가의 벽체를 형성하는 방법은 세 가지로 나뉜다. 첫째, 모든 벽체를 일체식의 흙벽으로 처리하는 방법이 있다. 둘째, 기둥과 도리로 가구식의 틀을 짜고 그 샛벽을 심벽으로 처리하는 방법이다. 심벽은 펠대를 짠 후에 흙을 바르는데, 흙을 바르는 방식은 아주 오랜 전통을 가지며, 점토에 짚과 같은 초본류를 섞어 쓴 벽은 순천 덕암동 유적의 102호, 104호, 105호에서 살펴볼 수 있다. 이들 주거지는 벽면에 1~2센티미터 정도 일정한 두께로 점토를 발랐는데, 화재로 인해 폐기되어 점토가 소결된 상태로 확인된다. 셋째, 앞에 열거한 두 가지 방법을 절충한 것으로, 전면이나 측면은 가구식으로 짜고 일부 벽을 일체식으로 쌓는 방법이다. 우리나라 민가에서 가장 많이 볼 수 있는 유형이다. 조선 시대 상류층의 주택들도 창호를 제외하면 대부분 흙벽으로 구성되었고, 흙벽에 회칠을 하여 깨끗하게 마감한 점이 서민 주택과 차이가 있다.

벽의 재료에 따라 크게 토벽집과 귀틀집으로 나뉘는데, 한국의 민가는 토벽집이 거의 대부분이다. 토벽집은 벽에 외를 엮고 흙을 발라서 꾸민 집으로 토담집이라고도 부른다. 토벽집은 자연에서 얻을 수 있는 흙, 나무, 짚, 돌과 같은 재료를 써서 벽체를 만든다. 토벽을 세울 때는 우선, 나무로 만든 거푸집 공간에 볏짚을 잘게 잘라 섞고, 이긴 흙과 돌을 넣으면서 절구공이나 서까래 같은 나무로 다져 놓는다. 그런 다음 거푸집 나무를 떼어 내고 벽체가 마른 뒤에 그 위쪽을 다시 만들어 올리는 방식으로 진행되었다. 토벽집은 비바람에 약하기 때문에 빗물이나 물기로부터 벽을 보호하기 위해 처마가 깊어지기도 했다. 귀틀집은 나무가 많은 산간에서 별 도구 없이, 있는 재료를 그대로 써서 지은 집으로, 울릉도에서는 투방집이나 투막집으로 불리고 도투마리집, 목채집이라고도 불렀다. 귀틀집은 주요 산맥을 중심으로 분포되어 있는데, 직경 한 뼘쯤의 통나무들을 차곡차곡 쌓아 벽을 만든 후, 문과 창을 내고 지붕을 씌운 통나무집을 말한다. 귀틀집 중에서도 울릉도의 투방집은 특이한데, 울릉도에는 눈이 많이 오기 때문에 우데기라는 독특한 설비를 집 둘레에 해 놓아, 방설뿐만 아니라 방풍, 방우, 차양의 기능을 하도록 했다. 우데기의 주재료는 주로 새(억새 같은 볏과 식물들-편집자)나 싸리였으며, 전면은 새를 써서 하고 측면은 옥수수대로 하는 경우도 있었다.

② 지붕

지붕은 자연환경과 문화적 특성에 따라 형태와 기능에서 큰 차이를 보인다. 민가를 보면, 지붕의 재료에 따라 기와집, 초가집, 샛집, 너와집, 굴피집으로 나눌 수 있다. 통상적으로 지붕 서까래 위에는 잡목의 나뭇가지나 잘게 쪼갠 장작개비를 칡이나 새끼로 엮어 산자橵子를 구성한다. 산자가 설치되고 나면 적심積心과 누리개를 설치하고 보토를 깐다. 지붕 전체에 골고루 진흙을 덜어 빈틈없이 다부지게 밟아 나간다. 흙 밟기가 끝나면 새나 이엉의 마름을 잇거나 혹은 기와를 이으면 비로소 지붕이 완성된다.

기와집은 지붕에 기와를 올린 집으로 주로 중상류 주택에서 많이 보인다. 기와집을 한 채 지으려면 쌀 천 석은 해야 한다는 말이 있을 정도로 기와집은 부를 상징했다. 규모가 크고 구조적으로 튼튼한 집이라야 기와지붕의 무게를 견딜 수 있으므로 기와집은 자연히 부잣

집, 커다란 집을 연상케 한다.

초가집은 볏짚으로 지붕을 만든 것으로서 볏짚은 매우 많은 집의 지붕 재료로 흔하게 사용되었다. 볏짚은 속이 비어 있어서, 그 안의 공기가 여름에는 햇볕의 뜨거움을 덜어 주고 겨울에는 집 안의 온기가 밖으로 빠져나가는 것을 막아 주는 구실을 했다. 초가는 따스하고 부드럽고 푸근한 느낌을 주며, 또한 한 해에 한 번씩 덧덮어 주므로 언제나 밝고 깨끗한 인상을 준다. 초가집 지붕의 물매는 매우 완만하기 때문에 지붕에 고추 따위의 농작물을 널어 말리기도 했고, 청동호박이나 박넝쿨 등을 올려서 마당과 밭의 연장으로 사용하기도 했다. 가을날 초가집 지붕에 열린 호박과 박, 그리고 빨간 고추는 그 안에 사는 사람들의 푸근하고 소박한 마음씨를 연상하게 한다. 초가집은 짚으로 엮은 이엉을 지붕에 덮고 용마루에 용마름 또는 곱새라고 불리는 용구새를 얹어 마무리 짓는다. 바람이 심한 지역에서는 서까래를 그물처럼 엮어서 덮기도 했고, 돌을 달아내기도 했다. 초가지붕이 모임 지붕 형태를 이룬 겹집에는 까치구멍이라고 하여 용마루를 짧게 하고 좌우 양 끈의 짚을 안으로 우겨 넣어 까치가 드나들 만한 구멍을 내는 일도 있었다. 이 구멍을 통해 집 안에 햇볕이 들어오고 연기가 빠져나가기도 했다.

샛집은 들이나 산에서 나는 야생풀을 베어서 썼는데, 그 수명이 이십 년에서 삼십 년이나 되어 한 세대마다 한 번씩 덮어 사용했다. 샛집은 지붕이 무거워 튼튼하게 지어야 했으며, 그늘져 습기 찬 곳은 쉽게 썩기 때문에 부분적으로 갈아 끼워 사용해야 했다.

너와집은 돌기와집, 널기와집, 너새집으로 불리기도 하는데 나무와 돌을 지붕 재료로 사용했다. 소나무 토막을 켜서 사용할 경우에너와의 수명은 오 년 정도이며, 얇은 판석으로 만든 돌기와를 쓸 때는 반영구적으로 쓸 수 있었다.

굴피집은 이십 년쯤 자란 상수리나무 밑둥에서 떼어 낸 껍질로 지붕을 이는 것인데 보통 두 겹으로 덮었다. 굴피로 덮으면 여름에 덜 덥고 겨울에는 덜 추운 장점이 있으나, 누더기를 덮은 것처럼 지저분하게 보이기도 했다. 굴피는 대기가 건조해지면 바짝 오므라들어서 군데군데 하늘이 보일 정도가 되지만 습도가 높아지면 곧 늘어나 틈이 메워져 약 오 년 정도 사용할 수 있다.

③ 바닥

우리나라 가옥의 바닥은 아직 맨바닥으로 남아 있는 경우가 많다. 이러한 맨바닥은 예로부터 정성을 들여 다지고 맥질하거나 하여 매끄럽게 다듬어서 실내 생활에 지장이 없도록 하고, 웬만한 작업은 여기에서 이루어졌다. 그래서 옛날 움집터를 발굴해 보면 아직도 굳은 흙바닥이 그대로 남아 있는 걸 흔히 볼 수 있다.

방바닥이 맨바닥이면 잠잘 때 딱딱하고, 차기도 하며, 특히 습한 점이 매우 불편하다. 초기에는 바닥에 나뭇잎이나 짚, 마른풀 따위를 깔았고, 그 후 깔개가 출현했는데 삿자리나 멍석과 같은 것이었다. 이 상황에서 구들 구조가 고안되고, 고상식 마루가 보급된 것은 바닥 구조의 혁명이었다. 특히 구들은 제2의 흙바닥을 구조적으로 형성하여 대지의 약점을 개선시켰다. 『삼국사기』「옥사조」에 기록된 신라의 가사家舍 규제와, 송나라의 사신으로 한 달간 머무르면서 당시의 모습을 기록한 서긍의 『고려도경』, 특히 전면 온돌의 존재를 확인할 수 있는 최자의 『보한집』 이후에는 온돌에 대한 기사가 귀족의 문집

곳곳에서 확인될 정도로 보편적이어서 주목된다. 조선시대에 들어서면 《조선왕족실록》에서 온돌의 효율성을 칭찬한 기사를 볼 수 있으며, 건축 재료로서 흙의 가치에 관심을 가지게 된다. 그러나 흙바닥에 누워 잠을 잔다는 인식이 상류 계층에게는 용인이 될 수 없었는데, 조선 초 장판법의 발달은 상류 주택의 구들 수용을 더욱 가속화시켜서, 16~18세기에는 확실히 보편화되었다고 보고 있다. 흙집의 정착은 한반도 전체에 구들이 보급되는 시기와 일치한다고 보고 있으므로, 벽체가 있는 수혈 주거를 기원으로 보든지 귀틀집을 기원으로 보든지, 벽체가 있는 흙집이 완전히 정착하기까지는 최초 수혈 주거에서부터 대략 6,000년이 넘게 걸린 것으로 확인된다. 결국, 우리나라는 선사시대 움집의 변화 이후 취사와 난방이 다시 결합한 형태로 가장 한국적 온돌의 원초적 모습인 기역 자(ㄱ) 구들이 나타나게 되었다. 이후 발전의 양상으로 벽체가 만들어졌으며, 부분 온돌이 아닌 아궁이가 방밖으로 완전히 나가게 되는 전면 온돌의 시기 즉, 마루와 온돌의 결합이 이루어지는 시기가 흙집의 정착 과정이 된다.

이상과 같이 우리나라 민가는 어떤 종별의 구조를 취하든지 간에 완전히 흙으로 포장하여 빚어 낸 주거이다. 그러므로 건축 재료로서 흙은 우리 삶과 불가분의 관계에 있다. 또한 가장 친숙한 기본 소재로서 흙은 동화와 저항이라는 차이는 있어도 우리 한국인의 주생활과 깊이 연결되어 왔다.

우리나라 흙건축의 현재

전통적으로 건축의 주요 재료로 흙을 써 온 우리나라에서, 현대적인 흙건축이 시작된 것은 1980년대부터라고 할 수 있다. 서울대학교 김문한 교수가 현대적 흙벽돌 제조를 시도했으며, 건축가 정기용은 「흙건축-잊혀진 정신」(건축학회지, 1992.5)이라는 기고에서 흙건축의 의미를 일깨우고, 영월 구인헌, 자두나무집 등에 흙건축 요소를 도입했다. 이들에게서 사사한 황혜주 교수와 연구진은 1990년대 중반 현대적 흙건축 재료 기술을 개발하여 장영실상, 건설신기술, 국산신기술 등 국가 신기술로 인정받았고, '황토방 아파트'를 선보여 흙에 대한 대중적 관심을 불러일으켰다. 이렇게 하여 우리나라에서 현대적인 의미에서의 흙건축이 본격적으로 시작되었다.

2000년대에 들어서면서 서울 반포 고층 빌라, 지평선중학교, 가평 골프장 클럽하우스, 서천의 국립생태원, 무주의 태권도원에도 현대적 흙벽돌이 적용된 바 있다. 또, 흙을 콘크리트처럼 타설하는 타설 공법을 최초로 도입한 목포 어린이집, 황토 노출 콘크리트를 도입한 영암군 관광안내소, 기능성 흙벽돌을 이용한 킨텍스 내부 흡음벽, 흙만을 이용한 현대적 미장재가 적용된 지평선중학교 기숙사 등 다양한 방식으로 흙건축이 이루어졌다. 더 나아가 중앙박물관 외부 보도, 중랑천 호안 제방 등 다양한 분야로 확대되었다.

또한 흙의 시공 특성을 고려한 설계가 시도된 철원의 별비 내리는 마을과 경기도 화성주택(土隣), 당시 국내 최고 높이인 7미터 다짐벽으로 내부를 시공한 서울 삼성동 하얏트 호텔 내부 벽체, 국내에서 최초로 흙다짐 공법으로 2층으로 지어진 산청 안솔기 마을 주택, 내외부 공간에서 다양한 흙다짐의 적용을 보여 주는 강화 동검리 주택과 순천 응령리 주택, 관에서 발주한 최초의 흙건축 건물인 무주 된장공장 등 다양한 건물들이 지어지면서 흙다짐 공법은 실험 수준에서 완전한 실용화 단계로 접어들었다. 특히 무안 갯벌랜드에 지어진 흙다짐 숙소는 흙다짐벽이 완전한 구조체로서 인가를 받은 건물로 주목할 만하다. 곡성의 비빌언덕은 활성황토 타설 공법과 흙다짐으로 지어졌고, 볏단벽 공법으로 지어진 강원도 동강 주택, 안성 미리내 성당 사제관, 함평 민예학당 등 흙의 특성을 살린 흙건축도 활발하게 구현되었다.

목포대학교 흙건축연구실(Architecture Community of Terra, ACT)의 연구개발을 기반으로 하여, 교류하고 협력하면서 진행되어 온 한국의 흙건축은 그간의 연구 성과와 건축 경험이 축적되면서, 2006년 2월 한국흙건축연구회를 발족하게 되었고, 이를 계기로 체계적이고 본격적인 흙건축 활동이 시작되었다. 인류사 이래로 가장 많이 사용했던 재료인 흙에 관한 연구, 교육, 교류를 통하여 기술의 사회적, 생태적 소명을 지속적으로 세상에 환기시키는 새로운 건축 문화의 구축을 표방한 한국흙건축연구회는 현재도 교육, 연구를 넘어 지역 활동, 해외 활동, 디자인 공모전 등 다양한 활동을 진행하고 있다.

2011년 유네스코 흙건축 석좌 프로그램(UNESCO Chair Earthen Architecture), 국제 기념물 유적협의회(ICOMOS), 프랑스 국립흙건축연구소(CRATerre)가 주최하고, 한국흙건축연구회(TerraKorea) 국립목포대학교 흙건축연구실(Architecture Community of Terra, ACT)이 주관하는 국제흙건축대회인 '테라시아TerrAsia 2011'이 아시아에서는 최초로 한국에서 개최됨으로써 한국의 흙건축은 한 단계 도약하게 되었다. 또한 유네스코 고등교육부가 인준하는 국제적인 교육 프로그램인 흙건축 석좌 프로그램을 2009년부터 교육할 수 있도록 인가를 받았다. 또한 2013년 '유네스코 석좌 흙건축학교'가 설립됨으로써 수준 높은 흙건축 교육을 대중화할 수 있는 길이 열리게 되었다. 그동안 이 교육 과정을 이수한 사람들이 중심이 되어서 상업적 면에 흔들리지 않고 제대로 된 흙집 짓기를 확산시키고 있으며, 교육 이수자 중 일부가 목포대학교 근처에 흙마을을 만들어서 흙건축의 새로운 전기를 일구고 있다. 현재 이 흙마을은 생태적인 흙건축을 알고 싶어 하는 사람들의 답사지로 각광을 받고 있다.

5장 / 흙건축의 미래

1

–

돌과 나무에서 철과 시멘트로

건축은 어원상 가장 근본적인 기술(archi + tecture)이라는 의미를 담고 있다. 우리말로는 건축의 행위를 중점으로 봐서 세울 건建, 쌓을 축築으로 '건축'이라 번역되었다. 건축의 구조는 여러 분류법이 있지만, 건축이라는 기본 개념을 중심으로 분류하여 살펴보기로 하자.

세울 건建을 기본으로 하는 구조는 우산을 생각하면 된다. 우산은 우산대와 우산살이 뼈대를 이루고 그것에 우산 외피skin가 결합된 구조이다. 뼈대가 힘을 받고 외피는 막아 주는 기능을 한다. 뼈대와 외피가 각각 기능하면서 서로를 보완해 주는 '따로 또 같이' 구조 방식인 것이다. 이러한 건建에 해당하는 건축 구조는 대표적으로 목구조(가구식 구조, Framed structure)가 있다. 이러한 목구조를 큰 규모로 짓거나 힘을 잘 받아 주도록 발전시킨 개념이 트러스truss이다.

쌓을 축築을 기본으로 하는 구조는 아이들이 즐겨 가지고 노는 블록을 생각하면 된다. 하나하나의 개체를 쌓아서 전체 뼈대를 이루는 구조이다. 힘을 받는 기능과 막아 주는 기능이 하나로 합쳐진 구조 방식이다. 이러한 축築에 해당하는 건축 구조는 벽돌구조, 돌구조, 블

표6. 건축의 구조 이해를 위한 기본 개념

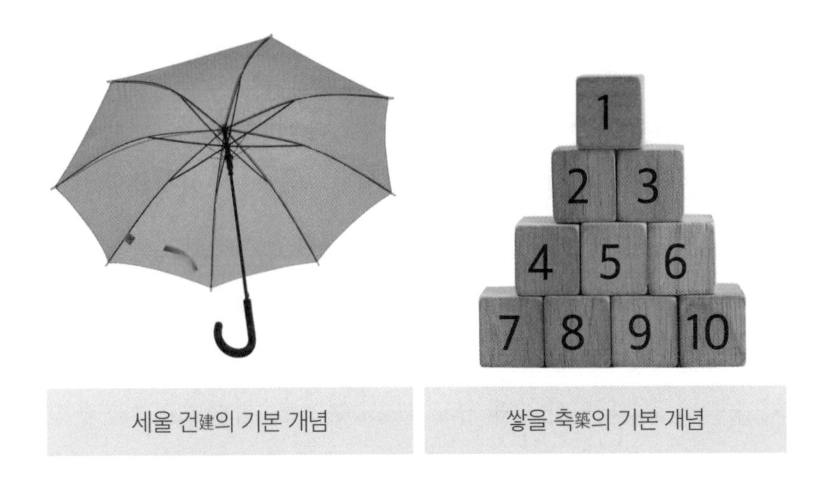

세울 건建의 기본 개념 | 쌓을 축築의 기본 개념

록구조 같은 조적구조Masonry structure가 있다. 아치arch는 이러한 조적 구조를 발전시켜서 나온 것이다.

표6은 건축의 구조 이해를 위한 기본 개념을 나타낸다.

신석기 시대 이래로 이러한 구조로 건축 활동을 해 오던 인류는 건축혁명이라 불리는 시대를 맞이한다. 이것은 산업혁명에서 비롯되었다. 과학혁명에 기반하여 새로운 시대가 열렸는데, 이러한 산업혁명이 시작되는 시기에 많은 변화들이 일어났다.

가장 주목할 게 인구 증가이다. 1801년에서 1911년 사이 유럽 인구는 4배가 증가했고,[124] 도시 인구는 9.5배 증가했다. 산업혁명 이후 산

124 『이야기 독일사』(박래식, 청아출판사, 2006) '산업혁명기의 경제 사회의 변화' 절의 내용을 보면 1750년부터 1850년까지 약 100년 동안 유럽의 인구는 두 배로 증가했고, 1850년부터 1913년까지 거의 두 배 증가했다고 설명하고 있다.

업화와 도시화에 따른 과밀 공간[125]으로 인해 인간적인 삶의 공간에 대한 요구도 증대되기 시작했다.

이러한 이유로 많은 건축적 변화가 일어났는데, 영국의 경우, 16~17세기 도시 주거인 백투백주택이 4.5×4.5m이었고, 영국 농촌 주택은 1실 구성이 기본이었는데, 1층은 침실, 지하실은 거실과 취사로 수직적 기능 분리를 하는 주거였다. 1850년경 건축 관련 법규로 후정에 가족 전용 화장실을 설치하도록 하면서 위생 측면의 획기적 진전이 있었다. 또한 1890년경 파이프로의 급수와 가스 공급으로 화장실이 주택에 부속되면서 주택 규모가 4.8×7.2m로 확장되고, 1층 후면에 부엌과 화장실이 부속되고 그 상층부에 또 하나의 침실이 생기는 등의 변화가 있었다. 프랑스는 개방된 중정을 중심으로 하는 블록형 집합 주택이 정착되었다. 미국은 1800년 중반 무허가 판잣집이 10만 채이다가 1860년경 100만 채로 늘어나고 1920년경이 되어서야 중정을 중심으로 하는 집합 주택이 성장했다.

이 즈음 조선의 경우에도 건축에 관한 흥미로운 기록들이 있다. 영국인 와그너EllasueC. Wagner가 쓴 『은둔의 나라 조선』에서 "조선의 가옥은 매우 특이하다. 대도시에 있는 관청과 사업체 건물들은 예외지만, 일반 가옥들은 모두 단층 건물로 흔히 초가지붕을 올린 집과, 부유한 계층이 검은 기와지붕을 올린 두 가지 종류가 있다."라고 기록하고

125 1847년 런던에서는 2.9x3m 규모의 공간에 아홉 명이 기거했으며, 이 시기의 영국 국민 평균 수명은 29세였다.(아사 브릭스 외, 「사회복지의 사상-복지국가를 만든 사람들」, 이론과 실천, 1987) 에드윈 채드윅Edwin Chadwick 절에는 다음과 같은 내용이 있다. '도시인 맨체스터에서 전문가와 중산층 가족들의 평균 사망 연령은 38세인 반면 기능공과 노동자 가족들의 평균 사망 연령은 17세였다. 그러나 농촌 루트란트에서 전문가와 중산층 가족들의 평균 사망 연령은 52세였고, 기능공과 노동자 가족들의 평균 사망 연령은 38세였다.'

있다. 또한 "중류층의 가옥은 대체로 두세 개의 방을 가지고 있다. 방의 크기를 재는 단위를 칸(間)이라고 하는데, 한 칸은 사방 8피트의 넓이이다. 가난한 사람들은 부엌이 딸린 단칸방에서 산다. 돈 많은 양반집은 가족이 늘어나고 공간이 필요해짐에 따라 수세기에 걸쳐 나지막하고 좁은 건물들을 끝없이 덧달아 지었다. 조선인들은 참으로 가부장적인 사람들이어서 가장이 능력만 있다면, 8촌의 권속眷屬까지 같은 울안에 들어와 산다."라고 전하고 있다.

한성부는 기와집의 비율이 60퍼센트이고, 한성부와 인천·개성 등은 가옥의 평균 칸수가 대략 일곱 칸인데, 한성부가 수도이기에 양반 관료들의 저택이 많이 분포했고, 인천과 개성은 상업 도시이기에 부유한 상인의 저택이 다수였기 때문이다. 조선 후기의 실학자 박제가는 「성시전도城市全圖」에서 "비늘처럼 빽빽이 들어선 기와집 4만 호는 마치 잔물결 속에 숨어 있는 방어, 잉어와 같아 구별하기 어렵네.(戢戢瓦鱗四萬戶 髣髴淪漪隱魴鯉)"라고 표현하기도 했다.

반면 향촌의 규모는 상당히 다른데, 1904년(광무 8년)에 경상남도 11개 군 4만5,000여 가호의 가옥 종류, 가옥 규모, 소유 관계 등을 조사해 작성한 『가호안家戶案』에는 경상도 가옥의 90퍼센트가 초가집이며, 2칸 집이 37퍼센트, 3칸 집이 53퍼센트, 4칸 집이 8퍼센트로 2~3칸 집이 전체의 90퍼센트라고 기록하고 있다. 1890년에 전라남도 구례군 토지면에서 작성한 『가좌책』에는 전라도 가옥의 75퍼센트가 초가집이며, 2칸 집이 19퍼센트, 3칸 집이 77퍼센트로 2~3칸 집이 전체의 96퍼센트라고 기록하고 있다.

건축은 생명을 보호하는 울타리이다. 이러한 건축의 본질을 구현하기 위한 노력은 과거 약한 재료에서, 산업혁명을 기점으로 강한 재

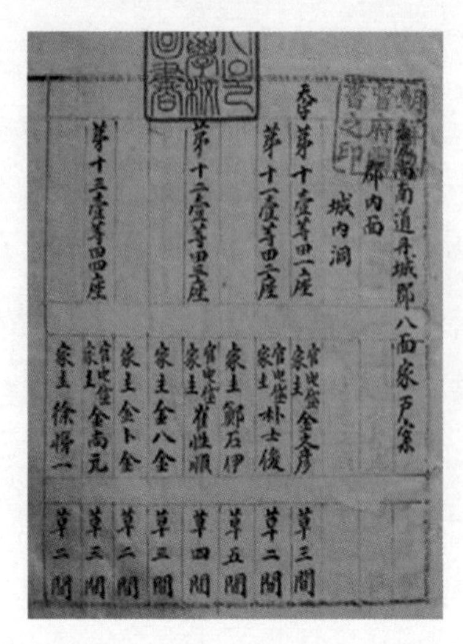

慶尚南道丹城郡八面家戶案
郡內面
城內洞

家主 金太彦	草三間
家主 朴士俊	草二間
家主 鄭石伊	草五間
家主 崔性順	草四間
家主 金八金	草三間
家主 金卜金	草二間
家主 金尙元	草三間
家主 徐得一	草二間

그림16. 1904년 단성군 가호안. 여덟 개의 가호가 보이는데, 모두 초가이며, 2칸 집이 세 곳, 3칸 집이 세 곳, 4칸 집 한 곳, 5칸 집이 한 곳이다.(서울대 규장각 소장)

료를 사용함으로써 좀 더 많은 인간을 보호하려는 방향으로 발달되어 왔다.

옛 건축에 사용된 대표적 재료들은 돌과 나무였다. 이러한 재료의 특성을 이해하고 거기에 맞는 건축 구법과 형태가 도출되었는데, 형태와 구조가 일치하는 건축을 구현하는 시기였다. 산업혁명을 거치면서 산업화, 상업화의 흐름 속에서 인간이 실제로 기거하게 되는 공간에 대한 요구가 높아지게 되고 이를 충족하기 위한 강한 재료가 등장했다. 시멘트와 철의 시대가 펼쳐지면서 건축에도 형태와 구조가 분리되는 변화를 겪게 된다. 강한 재료의 특성을 이해하고 거기에 맞는 구법과 형태가 도출되었고, 이제 인류는 구상하는 모든 공간을 최소한의 재료로 완벽하게 구현할 수 있게 된다. 산업화한 도시에서 사람들은 건물 속에서 생산하고 건물 속에서 거래하며, 건물 속에서 소비한다. 또한 건물 속에서 태어나고, 살고 사랑하고, 죽는다. 세계 도처에 서 있는 기념비적인 건물들이 위용을 자랑하고 있는 시대이다. 더 높이, 더 크게, 더 깊게(Higher, Bigger, Dipper) 건물을 짓고 소비한다. 약한 재료의 시대에서 강한 재료의 시대로의 변환이 있었다.[126] 가히 혁명이라고 부를 만한 전환이었다.

철과 시멘트의 등장은 석기 시대 이래로 영위해 왔던 이러한 건축의 근본을 완전히 바꾸어 놓았다. 산업혁명을 가능하게 했던 석탄을 이용하여 예전에도 간간이 사용되었던 철과 콘크리트는 대량 생산과 상용화의 길이 열리면서 건축의 패러다임을 바꿔 놓았다.

시멘트는 1756년 스미턴 소성 실험법 성공 이후로 1824년 조셉 애스프딘Joseph Aspdin이 시멘트의 대량 생산에 성공했다. 그 후 1877년 조셉 모니에르Joshep Monier가 원형 철근을 삽입한 보와 기둥 특허, 1892년 프랑수아 헤네비크Francois Hannebique가 일체식 철근콘크리트 구조, 1900년 파리박람회 출품에 이어 1900년 이후 오귀스트 페레Auguste Perret가 파리 프랭클린가 아파트, 1902년 앙리 소바주Henri Sauvage가 노동자용 아파트(철콘에 벽돌 마감), 1905년 샹젤리제 극장, 1910년 르랑시 노트르담 성당, 1922년 르 코르뷔지에Le Corbusier가 유니테 다비타시옹(Unit d'Habitation, 마르세유 아파트), 롱샹 성당에 이르는 일련의 건물이 지어짐으로써 사실상 주택 대량 보급의 길이 열렸다.

철은 1779년 영국에서 주철 다리Iron bridge로 아브라함 다비Abraham Darby가 철의 가능성을 보인 이후로 1851년 조셉 팩스톤Joseph Paxton 수정궁, 주철, 판유리(1.2m각), 1889년 강재 7,000톤으로 높이 300미터

126 함인선, 『구조의 구조』, 발언, 2000.

의 에펠탑에 이어 1903년 독일 함부르크 중앙역사가 등장했다. 또한 1871년 시카고 대화재 이후에 시카고학파를 창시한 윌리엄 르바론 제니Willam Le Baron Jenny가 돌·벽돌 피복으로 내화성을 확보하여 철골 구조의 실용화를 성공한 이래, 제1·2 라이더 빌딩, 홈 인슈어런스 빌딩을 잇따라 선보였다. 뒤이어 다니엘 번햄Daniel Hudson Burnham의 릴라이언스 빌딩, '형태는 기능을 따른다Form Follows Function'의 기능주의 이론을 주창한 루이스 설리번Louis Henry Sullivan의 오디토리엄 빌딩이 세워졌다. 여기에는 1857년 엘리샤 오티스Elisha Graves Otis의 엘리베이터 발명이 큰 영향을 미쳤다.

세울 건建을 기본으로 하는 건축 구조인 목구조는 철이 주재료인 강(철)구조가 이어받았고, 쌓을 축築을 기본으로 하는 건축 구조인 벽돌구조는 시멘트가 주재료인 콘크리트구조가 이어받았다. 강구조와 콘크리트구조는 근대의 가장 강력한 대세로 자리 잡았다. 이러한 근대건축은 산업혁명 이후 산업화와 도시화에 따른 과밀 공간 해결과 인간적인 삶의 공간 요구에 대한 대답으로서 의의를 가진다. 이처럼 근대건축은 새로운 과학과 기술에 대한 강한 신뢰를 바탕으로 인간의 주거를 개선하고자 했다. 건축가들은 과거의 산물인 역사적 주거 유형을 거부하고, 주거 유형에 있어서 연속성과 역사성보다는 황폐하고 과밀화된 주거 환경을 획기적으로 개선하고자 근대 건축 운동을 전개했다. 그 결과 인류는 이전과 완전히 다른 주거 환경에서 거주하게 됐다.[127]

127 이후 근대건축은 자본에 의한 끊임없는 팽창과 난개발(Higher, Bigger, Deeper)로 심각한 위기를 불러 왔다.

2

흙을 쓰는 3D 프린팅 건축 기술로

1970년대 오일쇼크는 근대건축의 생산 방식을 되돌아보는 계기가 됐다. 자원 고갈과 환경 파괴에 대한 경각심이 높아지면서, 건축가들은 에너지를 많이 소모하지 않고 자연환경에 피해를 적게 주는 새로운 건축을 궁리하게 됐다. 이에 따라 흙건축이 1980년대부터 다시금 조명 받게 됐다. 흙은 오래 전부터 사용해 온 전통적 소재[128]인 데다가 주위에서 흔하여 구하기 쉬운 재료이다. 또한 사용하고 난 다음에도 폐기물을 남기지 않고 자연으로 순환된다. 이러한 흙의 장점과 생태적 가치가 새롭게 주목받게 되었고, 새로운 기술들을 바탕으로 다양한 흙건축이 전 세계적으로 지어지고 있다.[129]

128 "흙건축은 일만 년의 역사를 갖고 있다. 인류가 건설한 최초 도시는 바로 흙을 이용한 것이었다. 흙건축의 역사 자체도 대단하지만, 더욱 놀라운 것은 대부분의 건축 역사서가 오랫동안 흙건축을 간과했다는 점이다." Jan Dethier, *Des architectures de terre ou l'avenir d'une tradition millénaire*, Centre Georges Pompidou, Centre de création industrielle, 1981(장 드디에, 『흙건축: 천년 전통의 미래』, 퐁피두센터 전시 기념, 1981).

129 KBS 수요기획, 〈세계의 흙집 2부 도시와 인간을 위한 집〉, 2003.4.30.; KBS 환경스페셜, 〈생태건축, 생명을 살린다〉, 2005.5.11.; KBS 환경스페셜, 〈제3의 피부 집, 흙으로 부활한다〉, 2007.6.13.

2019년 3월 영국의 『아키텍트 저널Architect Journal』에서 기후 변화에 대응하기 위해 건축가가 고려해야 할 다섯 가지 사항을 발표했다. 지속 가능한 디자인을 연구해 온 주요 전문가들이 꼽은 이 다섯 가지 사항에는 ① 기존 건축물의 에너지 성능 개선, ② 시멘트와 콘크리트의 사용을 현재의 4분의 3 수준으로 자제, ③ 건물의 사용 중 에너지 성능에 대한 이해, ④ 건축 자재의 내재에너지Embeded energy 고려, ⑤ 설계 초기 단계에서부터 최적화된 형태와 향向 고려가 있었다. 뷰view를 중시하는 서구와 달리 우리는 전통적으로 향向을 중시하는 건축 문화이기 때문에 ⑤번 사항은 크게 고려 대상이 되지 않는다. 또한 너무나 당연한 에너지 문제와 관련되는 ①, ③을 제외하면, 결국 지속 가능하고 친환경적인 설계는 시멘트 사용량 절감과 내재에너지가 적은 생태적 재료의 사용으로 귀결된다.

재료의 제조 과정에서 투입되어야 하는 '내재에너지'가 적을수록 친환경적인 재료라고 할 수 있다. 구운 벽돌의 생산에는 콘크리트의 두 배에 상당하는 에너지가 소모되고, 콘크리트는 황토에 비해 약 100배에 해당하는 에너지가 필요하다. 또한 시멘트 1톤을 생산하는 과정에서 CO_2 1톤이 발생하는데, 이는 한 사람이 일 년간 소나무 200그루를 심고 가꾸어야 절감할 수 있는 탄소의 양이다. 한국의 연간 1인당 시멘트 소비량[130]은 1톤 정도로 세계 최고 수준인데, 이러한 사실들은 시멘트의 대안으로서 흙의 가치를 되새기게 한다.

건축에서 가장 근본적이고 중요하다고 할 수 있는 구조 관점에서 살펴보면, 세울 건建을 기본으로 하는 건축 구조인 목구조는 산업혁

130 한국시멘트협회(www.cement.or.kr) 시멘트 통계, 연도별 수급 현황, 시멘트 내수 기준으로 2018년 51,237천 톤, 2017년 56,711천 톤, 2016년 55,756천 톤.

명을 거치면서 철이 주재료인 강(철)구조로 이어졌다. 새로운 시대에는 이에 어우러지는 흙의 이용이 필요하다. 이에 목구조나 강구조와 결합되는 재료로서 흙패널이 주목받고 있다.

쌓을 축築을 기본으로 하는 건축 구조인 벽돌구조는 산업혁명을 거치면서 시멘트가 주재료인 콘크리트구조로 대체되었다. 그러나 새로운 시대에는 이를 대체할 것이 필요한데 3D 프린팅 건축 기술이 콘크리트를 대체할 것이라고 예측되고 있다. 특히 3D 프린팅의 재료는 흙이 사용됨으로써 생태적 가치에 부합될 것으로 기대되고 있다. 더구나 기존의 레미콘 시설이 그대로 3D 프린팅 재료 시설로 바뀜으로써 사회적 비용의 소모 없이 생태 산업으로의 전환이 가능하다는 점이 주목을 받고 있다.

하이테크high tech로서의 흙의 전망이 위와 같다면 자가건축의 적용을 위한 기술life tech의 필요성도 증대되고 있다. 이러한 자가건축에는 경량 흙다짐, 경량 흙타설, 경량 흙벽돌 등이 주요한 공법으로 활용될 것으로 전망하고 있다.

이처럼 흙건축은 지구도 건강해지고 사람도 건강해지는 생태건축의 실제적 방안으로서 거론되고 있다.

모두가 도시에 모여 사는 고밀도의 생활 방식은 근대 산업사회의 유산이다. 농업국가에서 공업국가로 이행되면서 집적을 하기 위해 생겨난 이 구조는 지금의 생활 방식과 맞지 않다. ICT 기술의 발달로 언제 어디서나 상대방을 만나고 업무를 볼 수 있게 됐고, 코로나 바이러스 등으로 인해 흩어져 사는 것이 오히려 중요해졌다. 이러한 측면에서 '아파트'가 아닌 '집'이 필요해진 시대이자, 출근을 위한 숙소

표7. 목포대학교 뒷편에 위치한 무안 흙마을

흙건축전시관

흙책집

소우주

피라미드집

그리 크지 않은 집

그리니네집

가 아닌 다른 성격의 주거가 필요해졌다. 근대건축이 황폐하고 과밀화된 주거 환경을 개선하려던 고민의 산물이었다면, 지금은 새로운 시대의 새로운 건축을 고민해야 하는 시점이다.

근대 이후 인류는 건축물을 늘리고, 삶의 터전인 토대(녹지, 흙)를 줄여 왔다. 인간이 살기 위해 다른 생명의 터전을 일방적으로 빼앗아 온 역사라고 해도 과언이 아니다. 무분별한 개발 욕심을 줄이고 다른 생명들에게 터전을 돌려주며 생태적으로 공존하는 것이 절실하다. 흙의 라틴어 어원은 후무스humus로, 인간human과 겸허humility와 어원이 같다는 점을 다시 생각해 봐야 할 것이다.

지금 세계 여러 나라에서 흙건축에 대한 관심이 높다. 유럽의 경우는 2050년경 대부분의 집을 흙으로 지을 것을 염두에 두고 연구하고 있다. 전 세계 인구의 3분의 1인 15억의 인구가 현재 흙집에서 살고 있다. 자연과 인간의 공존을 위한 재료로서 흙은 과거에서 현재로 이어진 재료이고 아울러 미래 재료이다.

우리는 후손들에게 땅을 물려주는 것이 아니라 흙을 물려주어야 한다.